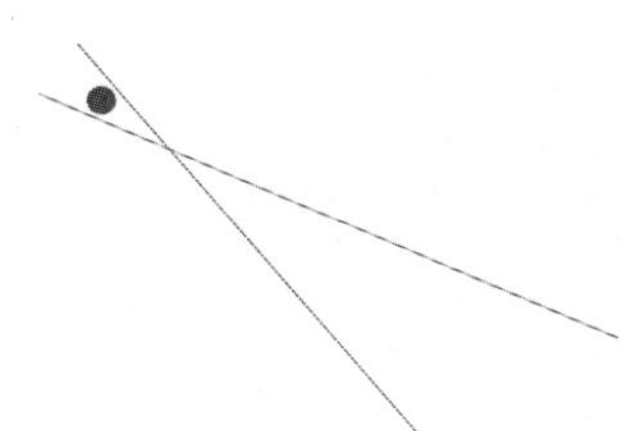

优秀的人，都有一段难熬的时光

Youxiu De Ren Douyou Yiduan Nanao De Shiguang

艾米加／著

中国華僑出版社

图书在版编目(CIP)数据

优秀的人,都有一段难熬的时光 / 艾米加著.—北京:中国华侨出版社,2015.4

ISBN 978-7-5113-5406-8

Ⅰ.①优… Ⅱ.①艾… Ⅲ.①成功心理-通俗读物
Ⅳ.①B848.4-49

中国版本图书馆 CIP 数据核字(2015)第086139 号

优秀的人,都有一段难熬的时光

著　　者 / 艾米加
责任编辑 / 文　蕾
责任校对 / 王京燕
经　　销 / 新华书店
开　　本 / 787 毫米×1092 毫米　1/16　印张/17　字数/226 千字
印　　刷 / 北京建泰印刷有限公司
版　　次 / 2015 年 6 月第 1 版　2015 年 6 月第 1 次印刷
书　　号 / ISBN 978-7-5113-5406-8
定　　价 / 32.00 元

中国华侨出版社　北京市朝阳区静安里 26 号通成达大厦 3 层　邮编:100028

法律顾问:陈鹰律师事务所

编辑部:(010)64443056　64443979

发行部:(010)64443051　传真:(010)64439708

网址:www.oveaschin.com

E-mail:oveaschin@sina.com

前言

你想让自己变得优秀吗？

相信对于大多数人来说，答案是肯定的。因为，当一个人越是优秀的时候，获得快乐、幸福、成功的可能性就越高。但并非人人都能如愿以偿，毕竟在通往优秀的道路上，不可避免地要有挫折，有磨难，有痛苦，有屈辱，那是一段异常艰难的时光，不是每个人都能忍受这其中的煎熬。

所以我要告诉你，如果希望变优秀，你需要依靠一股熬劲才行。“熬”字听起来很艰难，但这不是要你头悬梁、锥刺股，你也无须上刀山、下火海，只要拥有一颗顽强持久的恒心，一种不达目的不罢休的精神，排除万难永向前的毅力，朝着认定的方向和目标，微笑着一步步走下去，即可。

阿伦·艾弗森自幼热爱篮球，视篮球如生命，但当他第一次踏上 NBA（美国职业男子篮球）赛场的地板时，他听到的不是鼓励，而是怀疑和否定。那些人在打量他的身材后，毫不留情地告诉他：“你实在太矮了，你永远无法主宰这里。”

野田圣子年轻时一无所有，没有钱，也没有显赫的家世，她前往一家酒店应聘工作，却被安排了一份清洗厕所的差事，而且上司还要求她要把厕所马桶刷得“光洁如新”。毋庸置疑，厕所秽物与气味实在令人难以忍受……

那时，这些人远远不如别人，而现在，他们成了万里挑一的人。为什么？因为他们有一种伟大的精神，一份坚定的信念。每一个优秀的人，都有一段难熬的时光。那一段时光，是付出了很多努力，忍受了很多的孤独和寂寞，承受了诸多的痛苦和煎熬，却不抱怨、不诉苦，始终在不停积累和沉淀着。

是的，每个人都有很艰难的时候，没人在乎你怎样在深夜痛哭，没人关心你跌倒时的狼狈模样，那么多你觉得快要撑不过去的境地，那些当时快要了你的命的事情，只要你熬过去了，你会觉得任何事都会慢慢好起来。就算再慢，只要你愿意，它也愿意成为过去，并且最终让你变得更强、更好。

生活所迫又怎样，环境不好又怎样，困难大又怎样，优秀都是熬出来的。这是一本让你激发力量的心灵鸡汤书，是一本让你获得幸福和成功的励志书。本书深度解读了“熬”的内涵与意义，通过大量经典的成功案例，阐述优秀人士必备的特质——熬劲，还启迪我们如何“熬”出智慧和境界。

请你相信，能真正改变自己处境和人生之路的，只有你自己。忍受一般人忍不了的痛，吃一般人吃不了的苦，一再磨炼自己的意志力，找到自己身上强大的力量，并且一生不断修正和成长，这就是成就你的优秀。你终究也会懂得，熬过一段艰难的时光后，你想要的一切，必会在合适的时候实现。

学着默默承受吧，为了破茧成蝶的那一瞬，为了凤凰涅槃的那一刻。

第一章
耐得住寂寞，经得住诱惑，你要的岁月都会给

第二章
不要太早放弃，有些道路很曲折，但前途却光明

第五章
受多大委屈做多大事

第六章

你虽脆弱，但须坚强

第七章

一个人走到山穷水尽时，还能坚持下去，才算真优秀

第八章

最好的未来，往往经过最漫长的等待

第九章

请尽情地爱人，好像从不会受伤一样

第十章
于角落里自在开放，即使你再平凡，也有绽放的惊艳

第一章

耐得住寂寞，经得住诱惑，你要的岁月都会给

所有的人都希望自己出人头地，
问题是鲜花与掌声的背后，我们有没有耐得住寂寞的毅力，
有没有经得起诱惑的定力，有没有踏实肯干的决心。
为了成就优秀的自我，
我们必须要克制住欲望、稳得住心神，执着于目标。
这未尝不是一种痛苦的煎熬，却让我们牢牢确定心中的目标，
并且看准它，咬定它，然后矢志不渝地奔向它。

01. 没有根须，难为花朵

对于什么是寂寞，恐怕很难用一个准确的词汇描述清楚。因为寂寞是一种内在的姿态，很少以直接面目示人，却总以一种意想不到的方式向我们袭来。是否耐得住寂寞，是对自己心灵的承诺。有人在寂寞中面对诱惑可以做到从容镇定，不因时间而迷失自己，有人却无法做到这一点。

有一位农夫，他所有的财产只有祖上继承来的几亩农田，而种地成了他维持生计的唯一办法，虽然日子很是辛苦，但是也只能够满足他日常的生活。

几年以后，城市一点点向郊区扩张，农夫的土地距离城市越来越近。他周围一些以种地为生的农民开始将自己的土地转让给城里的开发商，以期获得不菲的收入。这样一来，农夫周围种地的人越来越少了，有的去城里打工，也有的做起了小本生意，收入都比以前种地要高很多。农夫的妻子也曾劝过农夫，不要再种地了，进城随便做点什么都比种地强。可是农夫每次都会说："其他活儿我都不在行，只有种地是我的专长，我还是继续种我的地吧！"

很快，城里人发现农夫种出来的粮食比他们买的粮食要好吃得多，因为农夫种地依然用祖祖辈辈传下来的方法，不使用任何化肥。农夫听专家说这叫作"绿色食品"。后来，农夫的粮食卖的价格越来越高，他又买下了其他农民的土地，同样用祖传的方法来种植粮食。

很快，五年过去了，当时不愿进城的农夫成了那座城市最大的绿色粮食供应商，那些曾经放弃自己土地的农民很多又回到了土地上，只不过这一次他们是农夫公司的员工……

寂寞是难耐的，寂寞是清苦的，寂寞是无聊的，寂寞是孤寂的，很多人在面临选择的时候都像是那些急功近利的农民，从来看到的都是眼前的利益，而不是将来，宁愿选择繁华，而不愿甘于寂寞。殊不知，没有敢于坚守寂寞的勇气和毅力，那么距离梦想成真的那一天就会越来越远。

守得住寂寞不一定能够成功，但是所有的成功者必定与寂寞进行了艰难的抗争。可以这样说，如何对待寂寞的态度是一个人是否真正成熟的重要标志。在坚守寂寞的过程中，需要一种对人生高尚的信念，对梦想强烈的追求，以及强大的意志力，只有做到这些，才有可能在人生中成就一番大事。

提到我国的中医药学，有一个不得不提及的名字，他就是李时珍。李时珍出生在一个世代从医的家庭，他的父亲李言闻是当时的名医。但是在当时，医生的地位很低，虽然李家人的医术都很不错，却经常受到一些官绅的欺辱。于是，李时珍的父亲就让他读书应考，希望他能够考取功名，不再走学医的老路。

李时珍天资聪颖，14岁就考中了秀才，但是在以后的时间里，他多次考举人却名落孙山。李时珍也意识到应该坚守自己的梦想，专心学医。于是他向自己的父亲表明了决心："身如逆流船，心比铁石坚。望父全儿志，至死不怕难。"

李时珍的父亲被儿子的决心所打动，终于同意了他的要求，并且对他进行了耐心辅导。在行医的过程中，李时珍意识到了古旧医书的局限性，立志要对医书进行修订。于是，他穿上草鞋，背起药筐，开始了自己行医问药的过程。在徒弟庞宪、儿子建元的伴随下，他远涉深山旷野，足迹遍及大江南北。

在实际的调查中，他遍访名医，虚心向各种人请教，其中包括采药的、种田的、捕鱼的、打猎的等各色人群。在广泛的积累下，他到达了前人不曾有过的高度。其中，连《神农本草经》都说不明白的“芸薹”，就是在一位种菜老者的指点下，经过察看实物而得知“芸薹”实际上就是所谓的油菜。

就这样，李时珍不仅“搜罗百氏”，还能够“采访四方”，他对传统医书记载进行了多方验证，并且善于搜求民间验方，观察并收集药物标本。

经过长期的实地调查和实际诊疗经验，他搞清了许多药物的疑难问题，终于在万历六年（1578）完成了《本草纲目》的编写工作，历时27年。

《本草纲目》全书约有200万字，52卷，载药1892种，新增药物374种，一共记载方子一万多个，附图一千多幅，成了我国药物学的空前巨著。其中纠正前人不少错误，在动植物分类学等许多方面都有突出的成就，还对其他有关学科比如生物学、化学、矿物学、地质学及天文学，等等，都做出了不小的贡献。

在李时珍成书的过程中，很少有人知道他耗费了多少个不眠的夜晚，在行走的过程中曾经历多少寂寞。这些寂寞并没有让他放弃，并没有因为时间长而让目标有所动摇。相反，在寂寞的时间里，他坚持了下来，慢慢地熬了过来，他放弃了繁华世界给他带来的种种诱惑，坚守住了自己的底线，最终完成了自己设定的目标。

人们经常说人生苦短，但是要想让苦短的人生迸发出夺目的光彩，不让寂寞迷失自己的内心是非常重要的，而这就源于一种强大的内心信念。铁树沉寂 60 年方开一次花，昙花积聚一个花期只为数小时的盛放。如果说寂寞是成功的根须，那么成功就是寂寞开出的花朵。没有根须，难为花朵。

所以，面对寂寞，我们应该学会正视，学会感恩。寂寞不是百无聊赖、无所事事，更不是所谓的孤独或寂灭。寂寞的意义在于：不为浮躁左右，安静躁动的心神，熨帖狂乱的灵魂。凭借一己良知和理性，在寂寞中坚守、进取、升华，完成对生命的认识和诠释，使人生不再寂寞。

选择坚守寂寞，做自己擅长做的事情，然后把这件事情做到极致后，剩下的结果交给时间就行了，惊喜自然慢慢也会到来，不再寂寞就指日可待了。请记得，“人间没有永恒的夜晚，世界没有永恒的冬天”，沉沉的黑夜是黎明的前奏，短暂的寂寞是成功的动力。想要成功就一定要耐得住寂寞，人生更要耐得住寂寞。

02. 没有一件小事是浪费时间的

“不积跬步，无以至千里。不积小流，无以成江海。”这是千年之前的先哲们留给后世的治学法则。同理，这样的法则也可延伸到做人成事上面。

时常听见有人抱怨自己怀才不遇，总没有机会去做一些大事，但你可知道，不是每一件小事都不足挂齿，在实际的工作中，所有的大事都是由一件件不起眼的小事组成的。一个人能不能成事，其实这取决于对待小事的态度，千万不能因为这些事小就敷衍对付或者是轻视懈怠。

成功者的大脑中总是有这样一种信念：没有一件小事是浪费时间的。有人也会说："我也每天做着各种不起眼儿的小事呀，可为什么成功还是距离我那么远呢?"在这里，要告诉你的是，我们都期待着自己所做的事能够产生一个质的变化，但是若没有足够量的积累，那质变就是一种空谈。

阿基勃特是庞大的美国标准石油公司的一名职员，他是一名再普通不过的销售员，每天的工作就是向客户推销石油。他在出差住旅馆的时候，有一个习惯，那就是总在自己签名的下方，写上"每桶4美元的标准石油"这样的一行字。他的这种习惯就连在写书信以及收据上也不例外。久而久之，阿基勃特就有了一个外号"每桶4美元"，而他的真名却越来越少被人所知道了。

公司的董事长洛克菲勒知道这件事以后，对阿基勃特的行为深有感触，为他手底下有这样一个细致和敬业的员工而感到自豪。在洛克菲勒的邀请下，阿基勃特与洛克菲勒一起共进晚餐。在这次谈话中，洛克菲勒看出阿基勃特并非为哗众取宠而这样做，他在实际的工作中也是尽力把每一件小事都做好。于是，洛克菲勒提拔阿基勃特做了董事长特别助理。而阿基勃特在这个位置上依然勤恳上进。后来，洛克菲勒卸任，阿基勃特成了标准石油公司的第二任董事长。

有人说，在签名的时候署上"每桶4美元的标准石油"这样的事情太小了，甚至从严格意义上说，这原本就不在阿基勃特的工作范围之内。但是本着宣传公司形象的目的，阿基勃特这样做了并且坚持了下来。阿基勃特有过人的才华吗？肯定是有，他最终能够掌管这么大的一家公司，没有一定的能力是无法做到的。但是他就是员工中能力最出众的吗？恐怕并不尽然，他最终能够从众人中脱颖而出，不轻视每一件小事，慢慢地坚持去做，绝对是一个非常重要的原因。

你想成为像阿基勃特这样的人吗？告诉你，这并非不可能的事情，重要的是，你能否像他那样坚持去做身边的那一件件小事。这个道理很简单，一部鸿篇巨制需要由一个一个的词语组成，而大事也是由一件件的小事连接而成的。坚持把小事做好以后，通过一点一滴的积累，慢慢就做出了大事。

刚迈入不惑之年的高强担任某跨国集团驻中国区的总裁，手下各个地区的办事处员工加起来，总数达到了一千多名。高强有一个习惯，那就是记住每一个员工的名字。也就是说，他能够叫上所有员工的姓名来。

这在很多人看来都是多此一举的事情，毕竟作为一名高管，费心去记住每一名下属的名字无疑是一种浪费时间和精力的做法。但是高强有着自己的打算，在他看来，自己作为集团驻中国区的总裁，责任是带领着大家把事业做好，而能够叫得出每一个员工的名字是对员工的一种尊重。

一天晚上，高强陪着总部的大老板来公司拿一份资料，在上电梯的时候，碰到了一名销售部的员工。这个男孩还带着一名女孩。顿时，狭窄的电梯里的气氛有点尴尬，一位是总部大老板，一位是区域总裁，一位是普通的销售员，还有一位并不熟悉的异性。

就在这个时候，高强和那个员工开始交流起来，很随和地问："许剑，今天加班呀？你们现在正在做的那个项目进展得怎么样?"

这个名叫许剑的普通员工突然愣了，因为他没有想到总裁能够叫出自己的名字，还知道自己如今在做的项目。

第二天早上，当高强打开邮箱时，收到了许剑晚上 11 点钟发过来的一封邮件。在邮件里，他这样写道："高总，您今天让我太有面子了！我带来的这个朋友，还没有成为我女朋友，但是因为您堂堂一个大总裁居然能够叫出我的名字，并询问我项目的事，这已经为我的形象加分不少。"

许剑也许并不知道，其实在取完资料陪同大老板回酒店的路上，大老板也对高强赞不绝口。他认为高强一定能够在中国区总裁的位置上创造出良好的业绩，因为从这件小事中，大老板已经看到了高强对待公司和员工的态度。

看到了吧，没有什么小事是浪费时间的。成功虽然存在着一定的偶然性，但是能够关注小事的人无疑将会拥有更大的概率。古曰"不积跬步，无以至千里；不积小流，无以成江海"，说的正是这个道理。

所以，从小事慢慢做起吧！在不动声色中，你就会创造出一番成就。

03. 恨不能一日千里，往往事与愿违

这是一个不断加速的世界，人们的内心里也变得越来越急躁。面对心目中的目标，我们恨不得马上冲上去实现；面对成功道路上的问题，我们恨不能马上就一劳永逸地解决。但是心急从来就不是解决问题的最好办法。成功者为什么能够成功，其中非常重要的一条就是在问题面前镇定自若。

一场突如其来的大雨，街上的行人都匆匆忙忙地往前跑，其中不乏形式各异的狼狈之相。只有一个人，不紧不慢，甚至可以说是一副优雅的姿态，

在雨中踱步。

旁人问："你怎么不快跑啊?"

那个人缓缓地答道："急什么，前面也下着雨呢！我正要看看雨景呢!"

当别人都在雨中狂奔之时，总会有人在那里安然赏雨，而这些人就是最后的成功者。

饭要一口一口地吃，路要一步一步地走，抱着急于求成心理的人，恨不能一日千里；所有试图快速解决问题的方案到头来都会证明是一场闹剧。这就像一个人还没有学会走路就企图开始跑步，那最后肯定是要摔跟头的。

因此，要想成功，必须要沉下心来一点点分析问题。

很多人知道齐白石是著名的画家，但是很少人知道齐白石对篆刻也有着很深的造诣。但是他的这种造诣并不是天生的，而是经过了非常刻苦的磨炼和不懈的努力，才把篆刻艺术练就到出神入化的境界。

齐白石在年轻时就特别喜爱篆刻，但篆刻技术总是达不到令自己满意的地步。于是，他转向一位老篆刻师虚心求教，希望能够得到快速提高篆刻技艺的窍门。这位老篆刻师对他说："你去挑一担础石回家，刻好了之后全部磨掉，磨完后再刻。等到这一担石头都变成了泥浆的时候，你的印就刻好了。"

齐白石是一个比较执着的人，听完后就按照老篆刻师的话一丝不苟地去做。他真的挑了一担础石来，夜以继日地练习，刻好了把它磨平，磨平了再刻，手上不知起了多少个血泡。

日复一日，年复一年，础石越来越少，而地上淤积的泥浆却越来越厚。

最后，一担础石终于统统都被“化石为泥”了的时候，齐白石的篆刻技艺也达到了大师的级别。

所有的成功都需要耐心与执着，只有不急不躁、始终如一地努力之后，解决问题的道路才会变得宽广起来。慢慢来，耐心一点吧，这不仅可以沉淀出一份平静，而且能够扩展出一条思路，还能够让人有时间转换另外一种角度，或许在山重水复之时，你就会找到一条全新的道路。

在古时候，有一位商人，他离家在外苦心经营多年，终于攒够了足够多的财富，准备回到自己的家乡，与妻儿父母团聚。

由于当时的社会并不安定，路上常有劫匪横行，为了能够安全到家，商人身着一件旧布衣衫、一双平底布鞋，扮作一个风餐露宿的行路人。他把所有的钱都买了珠宝玉器，还为此特制了一把油纸伞，将粗大的竹柄关节全部打通，把珠宝玉器全部放入。身藏万贯家私，却貌似贫寒之士，他就这样轻轻松松地上路了。

这确实是一种很好的策略，一路上商人并没有遇到劫匪。在一个傍晚，天上下起了雨，他在一个面馆吃完面后歇息了一下。就在这不经意间，他猛然发现自己一直随身携带的雨伞不见了，当时冷汗就一阵阵往外冒。这可是他奋斗十几年的全部家产。

惊慌过后，商人开始仔细分析自己遇到的情况。他看到自己手里的小包袱完好无损，就大概能断定并没有人专门行窃。一定是有人只顾方便，顺手牵羊取走了自己的雨伞。思索了片刻，商人有了自己的主意。他对面馆的掌柜说自己看中了这个小镇，请他帮忙在交通要道上租一个房子。商人说，自已也没有什么其他的技能，只会修伞。于是，一家门店极小的修伞铺在这个镇子上出现了。

远道而来的商人待人和气，心灵手巧，颇有人缘，人们都愿把废旧的雨伞拿到他那里去修理。可是前来修伞的人谁也不知道这个小小的手艺人其实是腰缠万贯的富商，更无法体会他每天谦和的笑脸背后掩藏着一颗紧张焦灼的心。他每时每刻都在等待着那把油纸伞的出现，可是过了一段时间，经过他手的伞成千上万，却唯独没有他要的那一把。

一天，他接了一把非常破旧的伞，雨伞的主人漫不经心地说："现在的一把破伞值不了几个钱，麻烦您给看看修理的话需要花多少钱。如果太贵的话就算了。"言者无意，听者有心。一句不经意的话启发了商人：自己的那把油纸伞也恐怕破得不能再修了……于是，为了能够尽快找到属于自己的那把雨伞，商人又想了一个好办法。

第二天，修伞铺里张贴出了一条新的广告：所有的油纸伞以旧换新。这一下子人们就议论开了，纷纷拿出家里的旧伞到这里来替换新伞。没过多久，商人的小铺里来了一位中年人，而他手里拿着的伞正是商人曾经丢失的那一把。

商人忍住内心的狂喜，仍然不动声色地收下了那把已经很破旧的纸伞。他转身在店里挑选了一把最好的雨伞，然后慢慢关上了店门。商人打开了伞柄，看到了他全部的珠宝玉器。第二天，商人的修伞铺很晚也没有开门，人们打听过后才知这里已经人去屋空了。

这个商人的沉着与冷静以及睿智确实让人敬佩，而这也是所有成大事者所共有的特性。孟子有言："夫勇者，骤然临之而不惊，无故加之而不怨。"

在遭遇突发问题的时候，保持冷静的人才能迅速地分析处境，想办法控制住局面，把可能受到的伤害程度降到最低，将损失减少到最小。

慢一点，成功反而会快一点。

04. 距离金子还有三英寸

随着生活节奏的加快，很多人口中都常常说："快点，我等不及了。"城市里都是急急忙忙追逐成功的人群，可是很多人却往往事与愿违，一直在成功的大门前徘徊，始终找不到打开这扇门的钥匙。究其原因，那就是太过着急，太过浮躁。

很多时候，成功不是不够努力，而是缺少最后一点点的努力。没有人会确切地知道在挖井的时候会需要多久才能够出水，也没有人知道在旅途中还有多久才能到达目的地。但是有一点非常明确：只有那些心态平和、不急于求成、肯付出更多努力的人，才能够品尝到成功的滋味。

在种种淘金的传说中，人们听到最多的往往是一夜暴富之类的故事。但是还有一个故事有着极为动听的名字，它叫《距离金子还有三英寸》。

这个故事讲述的是在美国的淘金时代里，美国人达比和他的叔叔到遥远的西部去淘金。就像所有的淘金者一样，他们围住了一块地，手里拿着鹤嘴镐不停地挖掘。经过几十天的辛勤工作，他们终于如愿看到了金灿灿的矿石。要想大规模地开采则必须要有相应的采矿设备，于是，他们悄悄将矿井掩盖了起来，回到家乡开始筹款。

不久以后，他们的淘金事业就很快发展起来了，当开采出来的矿石被运往冶炼厂的时候，所有的专家都断定他们所拥有的矿藏可能是整个矿区最富有开采价值的矿井。达比仅仅用了几车的矿石就收回了当初所有的投资成本。

然而好景不长，令达比万万没有想到的是，当他将所有的利润全部用来购买新的设备，准备大干一场的时候，以前开采出来的矿石地带消失了。达比并不甘心，继续开采，但是一直毫无收获。在万分沮丧之下，达比认为，金矿已经枯竭了，原本的发财梦只是上帝和他开的一个巨大玩笑。在无奈之下，达比不得不忍痛放弃了几乎要使他们成为新一代富豪的矿井。他们将全套的机器设备卖给了当地一个收购废品的商人，最终带着遗憾回到了家乡。

就在他们刚刚离开后的几天里，这个商人突发奇想，决计去那口废弃的矿井碰碰运气。这个商人请来一位矿业工程师对现场进行勘察。只做了一番简单的测算，工程师便指出前一轮工程失败的原因：目前遇到的是“假脉”，是金矿的断层线。考察结果表明：更大的矿脉其实就在距达比停止钻探三英寸远的地方！这个商人按照工程师的指点，在达比开采的基础上不断地往下挖。正如工程师所言，他遇到了丰富的金矿脉，获得了数百万美元的利润。

达比从报纸上知道这个消息，气得捶胸顿足，但也追悔莫及。

达比虽然付出了最大的努力，但是获取的却只是科罗拉多地区最大金矿的一个小小支脉；收购废品的商人虽然只花费了极小的代价，但是却通过一口废弃的矿井而成功地拥有了最大金矿的全部。在很多人的眼中，这只是不同人的命运。其实，在这两种看似截然不同的命运与遭遇的背后，所表现出来的就是一种心态。

刚刚进入社会的年轻人往往志向远大，心里怀揣着令人热血沸腾的梦想。但是真正到了社会之中，很多人都不愿意努力下去了，最终泯然众人。而那些愿意一步一个脚印前行的人，最终得到的是幸运女神的垂青。

的确，成功有时候看起来遥遥无期，在这种情形之下，如果你选择了懈怠或者放弃，以前的努力都将白费，所有的心血都将付诸东流。相反，只要你多努力一会儿，咬紧牙关向前再迈出一步，或许就会豁然开朗。当迷雾散去，阳光照耀在身上的时候，我们才会发现，当初的付出是那么值得。

重庆南川区铁村乡的一个农民通过七年的不懈努力，创作并出版了25万字的长篇小说《黄土情》，该书还入选八部“献给重庆直辖十周年”的文学丛书之一。这位作者58岁，只上过高中。虽然一直没能上大学进行更深层次的教育，但是现实生活同样让他上了社会大学。

他种过庄稼，下过煤窑，修过楼房。2001年以来，他利用打工的空闲时间，白天工作，夜晚写作，几易其稿，终于实现了他的文学梦想。是什么力量支撑着他？这位农民作家回答说：“是生活给了我灵感，但这不是最关键的，关键的是我肯努力，我一直要求自己，努力一点，再努力一点。”

那些不愿意再努力一点点的人，在遇到实际的困难之时首先想到的就是挫折可能带来的种种伤害，对自己没有把握，缺乏信心。而再努力一点，是一种不认输的强大意志，它能够在困苦中支撑着我们继续向前；再努力一点，是一种必胜的强大信念，是在黑暗中指向成功的明灯。

当走过黑暗与苦难之后，我们就会发现，当初平凡如沙的自己在一次次的坚持和磨砺中，已经慢慢地长成了一颗光彩夺目的珍珠，多好。

05. 在土地上种上花，野草就不会疯长

阻止一个人前行的，往往不是因为路有多艰难，而是内心已经被欲望牵绊。

生活中，经常听到有人扼腕叹息，如果当初如何如何的话，现在就会怎么怎么不一样了。但说实话，这样的追悔，除了给他人增添谈资以外，还有什么作用呢？对于一个对成功怀有渴望的人而言，最后的选择权永远在自己身上。沉溺于惋惜过去的人，往往是因为自己有无法释怀的欲望。

有一位登山者希望在有生之年攀登上珠穆朗玛峰。于是，他从小就非常勤奋地练习登山，从周围的小山逐渐攀登上了附近的高山，又逐渐慢慢攀登上了其他的山峰。在这个过程中，随着声名远播，他被鲜花簇拥，渐渐远离了训练过程中的石头和灌木丛。他的头顶不再是烈日和雨水，而是不断闪烁的镁光灯。

从未有过这般待遇的登山者一下子没有了方向。他突然觉得自己喜欢上了现在的生活：衣食无忧，生活在众人的关注之下。

过了几年，人们对登山者的热情早已“消费”一空，他也没有了供人谈论的价值，于是，他很自然地就被冷落到了一边。而此时的登山者只能望着高耸入云的珠峰哀叹，因为他已经过了攀登珠峰的黄金年龄。此外，多年没有系统训练的身体早已经不适合登山，这也就意味着他一生的梦想只能化作叹息。

这件事不能简单地评判谁对谁错，难道是那些记者毁了登山者的一生？貌似是这样的，但是这真的就是最终答案吗？年少成名的登山者有很多，最终成功登上珠峰的也大有人在，难道说他们没有受到环境的影响？

当你把自身失败的原因归结到别人身上时，那只是不敢正视自己欲望的一种托词。欲望既是天使也是魔鬼，横亘在我们面前的一般都有两条路，往往是一条狭窄悠长，一条则鸟语花香。在岔路口，每个人的选择都无可厚非，但最终能够成功的往往是选择走狭窄悠长道路的人。

狭窄悠长的道路因为没有鸟鸣、花香的打扰，所以往往走得专一。古人教导我们“无欲则刚”，诚然放弃心中所有的欲望有些难，但一个人至少要学会驾驭自己的欲望，不被欲望侵蚀，这样才不会沦为欲望的奴隶，不会被欲望绊住前行的步伐，这样才能够看清自己真正的目标，坚定前行。

在土地上种上了花，野草就不会疯长。在心底有了坚信的目标，脚步就不会被欲望阻挡。人们羡慕那些最后站上领奖台的人，却并不知道他们为了能够到达那一刻付出了多大的代价。在行走的过程中，坚定的目标就是最好的导航灯，拒绝不必要的欲望也就完成了自我的升华。

曾经看过这样一个故事，名字叫《两个青年人的故事》。

杨乐和张广厚是同在北大数学系的两名高才生，他们没有过星期天，没有过节假日，每天坚持学习演算12小时。“香山的红叶红了。”“就让它红吧，我们要演算题。”“中山公园的菊花展览漂亮极了。”“就让它漂亮吧，我们要学习。”“十三陵发现了地下官殿。”“真不错，可是得占半天时间，割爱吧。”“给你一张国际足球比赛的入场券。”“真是机会难得，怎么办？

牺牲了吧，还是看我们案头上的数学竞赛题吧!”最终，杨乐和张广厚在数学领域中创造出了重大成果。

不可否认，杨乐和张广厚在数学天赋上或许高于其他人，但是他们之所以能在数学领域创造出重大成果、之所以能出类拔萃的重要原因，是他们克制欲望、专心前行的学习态度。英国著名作家萧伯纳曾说过：“自我控制是强者的本能。”生活的强者一般都会自我控制欲望，抵制那些与目标无关的诱惑。

没有人会嘲笑一个心无旁骛朝着目标走下去的人，相反，人们会对那些为了一时的欲望而走岔路的人感到惋惜。

学着放下心中的欲望吧，排除外物的各种诱惑，不挖空心思依附权势，不贪图名利富贵，让内心处于十分平静的状态。相信，我们能在障眼的迷雾中辨明方向，朝着正确的方向勇往直前。我们将如同苍松翠柏，不怕乌云翻卷，不怕雨暴风狂，挺立世间，永不摧折，慢慢走向成功!

06. 一把叫静心的“钥匙”

很多人觉得痛苦，觉得自己不快乐，其中很大部分的原因是贪婪惹的祸，我们控制不住内心的贪欲就会深陷泥沼，也就是说从遵从贪欲的那一刻起人们就走入绝路了。《老子》第四十六章有言：“祸莫大于不知足，咎莫大于欲得。”这句话的意思就是说，灾祸没有比不知满足更大的，过失没有比贪得无厌更严重的。

一个作家曾经写过跑马圈地的故事。

有一个人想要得到一块土地，土地的领主对这个人说，清早的时候你就从这里往外跑，跑一段就插个旗杆。只要你能够在太阳落山之前归来，插上旗杆的土地都归你。于是，这个人便拼命地向前跑，直到太阳偏西的时候还没有回来。第二天，人们在一个很远的地方发现了他的尸体。发现他的人就地挖了一个坑，将他掩埋。在牧师做祈祷的时候说："一个人要多少土地才能满足呢？死后所占的也就这么大。"

超出实际需要的贪欲就像一粒种子，它也会生根、发芽、逐渐成长。这种欲望一旦开枝散叶，将是压在心头的重大负担。这种负担最终会成为阻碍自己前行的沉重脚镣。所有人都期望在前行的时候能够轻装上阵，但是面对五光十色的诱惑，有多少人能够坚守底线，做个目标坚定的前行者？

记得以前和妈妈一起逛超市是一件痛苦的事情，妈妈总喜欢去特价区"淘宝"，无论是廉价的厨房用品还是日常家居用品，每次都是满满当当的一大包。而要把这些运回家，着实需要花费一点工夫。每到过年的时候，总能够从储物室里找出一大堆用不着的物品。问及妈妈，"便宜，可能会用得着"是妈妈的挡箭牌。

其实细想，真的有那么多的东西是自己确确实实需要的吗？真的有那么多的追求是我们不得不去努力实现的？现在很流行一种说法，就是倡导一生中不得不读的图书、不得不看的电影、不得不去的地方，好像不去做的话，人生就是一种不完整。但是很多人真的做了以后，并没有得到预期的快乐。

"一箪食，一瓢饮，在陋巷，人不堪其忧，回也不改其乐。"这句话常常被用来称赞那些品德像颜回一样高尚的人。这当然不是说要否定奋斗和进取的价值，而是希望人们能够看到一些自己真正想要的东西。毕竟，真正的快乐不是建立在对欲望的满足上，而是植根于内心的平静。自己真正需要什么，不是依靠他人提供指南，而是遵从自己的实际需要，而每个人真正需求的其实并不多。

现在很流行一种“人生加减法”的说法，就是说人的一生在很大程度上就是一个做加减法的过程。有人得到了，就想要更多，不停地做着加法，最终的结果就是累死在路途中；而成功的人总是在做加法的同时也做减法，不断放下自己不需要的欲望，减少心灵上的负担，来欣赏一路的风景。

年轻的时候，玛丽比较贪心，什么都追求最好的，拼命地想抓住每一个机会。有一段时间，她手上同时拥有13个广播节目，每天忙得昏天暗地。事业愈做愈大，玛丽的压力也愈来愈大。到了后来，玛丽发觉拥有更多、更大不是乐趣，反而是一种沉重的负担。她的内心始终被一种强烈的不安全感笼罩着。

一天，玛丽意识到自己再也忍受不了这种生活了，用这么多乱七八糟的事情来将自己清醒的每一分钟都塞得满满的，简直就是对自己的一种折磨。也就是在这个时候，她终于做出了一个决定：要开始摒弃那些无谓的忙碌，让生活变得简单一点，只有这样才能活出自我来。为此，她着手开始列出一个清单，她把需要从她的工作中删除的事情都排列出来，然后采取了一系列“大胆的”行动：取消了一大部分不是必要的电话预约，打电话给一些朋友取消了每周两次为了拓展人际关系的聚会，等等。

就这样，通过改变自己的日常生活与工作习惯，通过去除烦躁与复杂，玛丽感觉到自己不再那么忙碌了，还有了更多的时间陪家人，有了更多的思考时间。因为睡眠时间充足，心态变轻松了，她的工作效率得到了很大的提高，身心状况也变得好了很多，而且她每天都会有快乐和愉悦的心情。

欲壑难填，它填不满我们的幸福，反而会蛀空我们的心灵。学着给人生做减法，学着知足吧。网上有首《知足常乐》的歌谣，颇觉玩味。其中几句歌词曰："想想疾病苦，无病即是福；想想饥寒苦，温饱即是福；想想生活苦，达观即是福；想想乱世苦，平安即是福；想想牢狱苦，安分即是福……"

打开现实中的锁链需要的是一把钥匙，打开心灵上的锁链同样需要一把钥匙，而这把钥匙并不需要别人来打造，它就藏在每个人的心中。这把钥匙的名字叫作静心。为什么人们觉得孩子是最快乐的，因为他们的要求往往单一而纯粹，没有其他的干扰。举个简单的例子，对于一个喜欢零食的孩子来说，一座金山也不如一包糖果能令他快乐；对于一个喜欢在野外玩耍的孩子而言，漫山的花草胜过满屋子的高级玩具。

快乐是与富贵、贫穷无关的，关键取决于我们内心是否满足。找回自己那颗宁静的心，对现有的收获倍加珍惜，对目前的成果尽情享受，如此对于风雨兼程的我们来说，便有一个宁静温馨、妙趣融融的避风港口。如此，再慢慢去争取自己想要的东西，慢慢积蓄力量，最后什么都会拥有的。

师父带着徒弟外出游历。走到半路上的时候，突然有一棵大树倒了下来，横在大路的中间。来往的行人和车辆过往都很不方便。徒弟对师父说："把这棵大树移开吧，方便以后的行人。"可是这棵大树实在是太重了，师徒两个人合力扛着这棵树也累得气喘吁吁。

经过一番努力之后，师徒两人终于将这棵大树放在路的一边。徒弟心情很轻松地对师父说：“这棵树真重，把它从肩膀放下来的那一刻真的很轻松！”师父借此开导徒弟说：“在我们的心中，或许有的执念比这棵大树还要沉重，但有人却扛了一生。如果能够放弃那些不必要的执念，那我们才能获得真正的轻松。”

其实在很多时候，我们一直都是扛着众多的执念在前行，忙碌的心里很少去想想我们真正需要什么。有追求并没有任何的过错，而一旦将某种追求当成不可或缺的执念的话，那些在欲望中挣扎的人肯定会获得更多的烦恼，甚至是死亡。因为当欲望大于生命的时候，生命遭遇威胁则成为一种必然。

曾经有一片广袤的土地，农民为了能够更好地浇灌庄稼，就在当地开凿了两条河，一条小河，一条大河。

刚开始的时候，无论大河还是小河都能够勤勤恳恳地浇灌着土地，河两岸的庄稼都有着不错的收成。可是有一天，大河觉得这样的生活太没有意思了，它要选择去远方。在大河的心里，它认为自己应该走得更远，这个穷乡僻壤并不是自己的久留之地。于是，这条大河聚集起了浑身的力量，一次又一次地冲向了远方未知的土地。它坚韧地越走越远。当它回头看着身后越来越远的小河时，不由得感叹道：“小河也太没有追求了。”

非常遗憾的是，大河流到了一片无际的沙漠之中，大河所聚集起的那点河水很快就蒸发完了。

小河依然每年任劳任怨地灌溉着两岸的庄稼。随着农民丰收的成果越来越丰厚，人们将小河的河道拓宽了很多，比原先的大河还要宽几倍。而小河所滋润的土地也开始养育更多的人口。

很多年以后，当地越来越繁荣。小河也逐渐被当地人称为“母亲河”，而那条曾经的大河已经没有人记起了。

这则寓言故事中的大河其实就是人们心中某些欲望的真实体现。当欲望太过强烈的时候，也就是最容易迷失的时候。看不清真实的自己，执着于追求那些无法实现的东西，不仅会徒劳无功，让自己陷入无法自拔的境地，甚至会断送自己的性命。

正如人们常说的那样，在出生的时候，我们两手空空，什么也带不来；当我们死亡的时候，依然是两手空空，什么也不会带走。如果将太多的执念或者欲望堆积，那么这个人的生活要么变得非常累，要么就变得非常无趣。

凡事要有一个度，如果不懂得节制，本想追求更好的生活，最终却会丧失一切。对于生活中的智者而言，在面临五彩缤纷的诱惑时，选择静心，把握好内心的尺度，忍住那些超出自己实际能力需求的欲望，才能将命运掌握在自己的手中。

有一家公司，在城市偏僻的地方买了一块地皮。由于价格低廉，公司老板非常满意。

老板买完地皮之后就开始投资建造一座豆奶加工厂，他认为这是一个低投入高回报的行业，自己一定能成功。但是事与愿违，公司从兴建伊始就开始亏损，远没有当初计划得那么好。但是公司老板不愿意放弃，继续投入了几十万资金。他相信，过不了多久，业绩就会峰回路转，实现预计的盈利目标，可没想到几十万又打了水漂。

当有人劝老板放弃的时候，老板总是说："我已经投入这么多钱进去了，我一定要获得回报。"

事实上，当时豆奶市场在当地已经很饱和了，而他的公司又是一家新兴公司，根本没有品牌竞争力。最后，老板为了豆奶公司倾家荡产，没有赚到一分钱，令人扼腕叹息。

这位老板的失误首先在于投资的方向上出了问题，但是最大的失误其实是不愿放弃的心态，在明明知道已经无法获取成功的时候，还是咬定一切不放弃，试图逆转。当方向出现错误的时候，选择快马加鞭只能与目的地的距离越来越远。如果能够早点明白这个道理，放下对错误的执着，静下心来去想想最初的方向，悲剧就不会上演。

07. 你的手上，可曾停留过一只蝴蝶

当追求身外之物时，我们很多人总是过于贪心，不加选择地疯狂敛取，又害怕失去已得到的东西：有了功名，就对功名放不下；有了金钱，就对金钱放不下；有了爱情，就对爱情放不下；有了事业，就对事业放不下。这样做的结果是什么呢？紧紧地握着拳头，拿得起，放不下，往往什么都得不到。

传说在非洲的一个部落，人们用一种很简单的方式来捕捉猴子，那就是在猴子经常出没的地方固定一些木箱，在木箱里放上猴子爱吃的水果。当猴

子闻到水果的香味时就会用手来拿。聪明的猎人在箱子的上部开一个小口，而这个小口的大小恰好是猴子能够伸手去够，但是抓住东西却无法拿出的大小。一旦猴子伸手去抓水果，它即便是看到猎人来了以后也不会将到手的水果扔掉，只能被猎人轻易俘获。

猴子这种不放手的行为，值得我们很多人思考。事实上，有些人最大的愚笨之处有时就在于只想拥有，把得到看成了理所当然，而不舍得放弃，不懂得变通，过于顽固、偏激，冥顽不灵。一个不爱自己的爱人、一个不适合的职位、一项力不从心的事业等，明明方向并不正确，却坚持了不该坚持的。

何必要走入一条无路可走的死胡同呢？要知道，当面对得不到的欲望时，痛定思痛，才是勇敢的选择，才能及早走出这条死胡同，才能有新的发现、新的开始，绝处逢生。这正好应了美国文学大师斯宾塞·约翰逊曾经说过的那句话："越早放弃旧的奶酪，你就会越早发现新的奶酪。"

有这样一个青年，他从小就立志当一名作家。为了达到这个目标，他每天坚持写作。十年如一日，他总是不断地练习，但是始终没有等到梦想成真的那一天，他用钢笔写下的手稿始终也没有变成铅字。

直到29岁那一年，他收到了一封来自编辑部的信件。可惜这并不是一封稿件被采用的信件，而是一封退稿信。杂志的总编在信中写道："虽然你很努力，但我不得不遗憾地告诉你，你的知识面过于狭窄，生活经历也显得相对苍白……但我从你多年的来稿中发现，你的钢笔字越来越出色……"

年轻人收到信件后，一开始很失落，但看到最后的一句话时，他决定改变自己的努力方向，开始练习书法，最终他成为当代非常著名的硬笔书法家。

关于成功，年轻人也有了自己的理解："一个人能否成功，理想很重要，勇气很重要，毅力也很重要。但更重要的是，人生路上要学会选择，更要懂得放弃。"

不是每一次努力都能换到预期的效果，有时候得不到的欲望就像鸡肋，既然无味，再啃下去也没有多少实际意义。如果没有果断地放弃，这位年轻人也许还在作家梦的路上苦苦追求，迟迟品尝不到胜利的滋味。可见，放手从来就不是一种软弱和逃避的表现，而是一种审时度势的智慧。

在经济学中有一个非常著名的名词叫作"机会成本"，是指为了得到某种东西而要放弃另一些东西的最大价值。简单地说，就像一个人不能同时跨入两条河流一样，选择一样也就意味着放弃了另外一样。这种状态，几千年前的孟子就有形象的揭示："鱼，我所欲也，熊掌，亦我所欲也，两者不可得兼。"

在很多时候，如何取舍代表了一个人的成熟程度。我们必须明白，做任何事都需要代价，想要鱼，熊掌就是代价，反之亦然。该决定什么，该舍弃什么，缺乏社会经验和人生经验的人难免糊涂。还是听听我们老祖宗留下来的智慧吧，在选择这个问题上，祖辈们早就说过："两弊相衡取其轻，两利相权取其重。"

关于取舍，还有这样一个故事。

太平洋上的珊瑚环礁，是美丽的观光胜地。兰鸥号的水手们心旷神怡，船长杰克一面老练地操纵兰鸥号轻灵地避开水下的礁石，一面愉快地和水手们计划在前面的无人岛上来一次烧烤大会，享受美好时光。水手们一同欢呼起来。

谁知，一道巨浪腾空而起，从前面直奔毫无戒备的兰鸥号。杰克惊魂稍定，连忙调整兰鸥号的方向，并嘱咐水手们将大部分食物、设备等物资扔出去。“扔了这些我们吃什么?”“这些设备还有用处……”水手们有些犹豫，“扔掉，扔掉，如果我们想活命的话。”杰克以严肃的口吻命令道。

物资几乎都被扔出去了，但是海浪越逼越紧，一道20高的海浪把兰鸥号高高抬起，然后重重地抛上了礁盘，兰鸥号断成了两截。见此，杰克果断地下令水手们弃船潜水。要知道，这是一条纵横万里的袭击舰，水手们对它喜爱极了，他们舍不得丢下它，寄希望于海浪过一会儿可以消失，但杰克下了死命令：“准备跳海，立刻、马上!”并率先跳了下去，其他人随后……

所有人都转移到了无人岛，这里虽然无人，但是物产丰富，饿是饿不死的。而且，幸运的是在这场灾难中，人员无一伤亡。要知道，他们遇到的是一次剧烈的海底地震，无一伤亡的结果既空前，恐怕也将绝后。

剧烈的海底地震直奔毫无戒备的兰鸥号，这时须要做出最恰当的判断和选择，知道舍弃，敢于舍弃。就像事例中的杰克船长一样，他果断地舍弃了必需的物资、舍弃了心爱的兰鸥号，这些纵然也是他不忍、不甘舍弃的，但相比于一整船人的性命而言，这些又显得是微不足道的小利了。

不管怎样，请牢记，成功在很多时候就像是一只只漂亮的蝴蝶，当你奔跑着想抓住它们的时候，往往不会有好的结果；而当你放弃占有的欲望，摊开双手时，蝴蝶很可能就会降落在你手上。

08. 简单一点，生活更美好

成年人总会羡慕孩子的生活，这并不是因为孩子的物质生活有多么的丰富多彩，而是他们的人生在大人眼里就像一张白纸那样简单。刚走出校门的年轻人总是一脸的迷茫，因为总是有人在告诉他们外面的生活是多么的艰难。相反，历经风霜的老年人一般都显得非常的安详和冷静，这是因为在漫长的人生旅途中，他们已经领悟到了生活最深沉的味道其实就是简单。

生活中拥有简单的态度，就能够从简简单单的日子中咀嚼出生活的原汁原味。当然，简单不是简陋，平凡也不是平庸。简单是在周围喧嚣中保持一份空灵，不去随波逐流凑热闹。如果要描述一种极佳的生活状态，简单或许是最准确的词汇。因为这样可以使心灵有一种净化感，灵魂有一种安详感，同时也让自己的身心有一种健康感。

用简单的方法处理日常中的事务，不仅可以收获到事半功倍的效果，还能够将自己的生活变得清晰。当用一种简化的方式来处理问题的时候，结果就是“是”抑或“不是”两种答案。

在著名小说《堂·吉诃德》里面，出现过这样一个有趣的片段。

桑丘问表弟：“谁是这个世界上第一个会翻跟头的？”

表弟回答说：“这个问题我现在回答不上来，等我一会儿回书房翻翻书，到下次见面的时候，再把答案告诉你吧！”

桑丘过了一会儿说："刚刚说的这个问题，我已经想到答案了。其实世界上第一个会翻跟斗的是魔鬼，因为他从天上摔下来，就一直翻着跟斗，跌到了地狱。"

桑丘的回答有些可笑，但是却不能否认桑丘的答案包含着一种非常朴素的智慧，正是这样的简单智慧让他生活得很快乐。有些人煞费苦心进行各种各样的考证，结果往往是毫无所获。而有些人只是简简单单地一想，往往却能够把事情给想通了。

简单的生活，需要慢慢地回味，会更加有滋有味。

在海边，有一个渔夫每天出海捕鱼，但是他从来就不图多，每天打的鱼恰好够自己的生活就返回岸边。在回到岸边后，他会躺在岸边吹海风，晒太阳，偶尔还会哼起小曲，一副悠然的样子。

一天，从远处来了一个商人，上前对渔夫说："你怎么不出海打鱼呢？""我为什么还要出海呢？我今天打到的鱼已经完全够自己今天吃的呀。"渔夫不解地问。此时的商人显示出一副运筹帷幄的样子说道："你应该趁着今天的天气好多出几次海，多打一些鱼，这样一来就可以把剩余的卖掉，你就会有一笔存款。当存款多了的时候，你就可以去买一艘巨大的渔船，然后再开着船去打更多的鱼……"

"然后呢？"渔夫问商人。

"然后，然后你就可以赚很多很多的钱，不用再下海打鱼了，每天都可以到海边来吹海风、唱歌……"

"那我现在做的不正是你刚才所说的那些吗？"渔夫反问道，"如果按照你刚才说的那样去做，或许有一天我会赚到足够多的钱，不过恐怕到那个时候，我已经没有时间来做现在的事情了！”

看到了吧，世界是否复杂，其决定性因素往往不是事物原本的样子，而是一个人以什么样的心境去看待。简单，是一种大智若愚的生活智慧，是经历人生冗杂后凝就的精髓，更是一种面向成功的行为方式。

不过，置身于复杂浮躁的社会、琐碎忙乱的生活、烦冗迷离的人际关系中，不再为赢得若干银子而机关算尽，不必去勾画如何名利双收的蓝图，不必铆足了劲踏在潮流的前面满足虚荣心，也不再眼睛瞅着名牌楼市和进口车而心存焦虑——心情慢慢地蜕变，人生慢慢地蜕变，简单实在是不简单。

简单，要慢慢去修炼。

09. 未来的路还长，把计划订久一点

小的时候，每个人都曾在作文本上洋洋洒洒地写过《我的理想》。但是长大后，我们往往会发现，理想与现实的差距常常很大，一般不容易实现。总是沉浸在不切实际的目标中，为必然的失败悲哀，不如重新审视自己，对自己是否要求得太高了，目标是否可以适当地调低一点。

招聘会上，人事部的经理看着手中的简历，头也不抬地问面试者：“我

想知道，你想在我们公司得到什么样的职位?”

“我希望成为部门经理，这是我的目标!”求职者信心满满地说。

“请回家等通知。”人事部经理说了这么一句，示意他可以离开。

“我想请问经理，我到底有什么条件让您不满意。”求职者大胆地问，“我有这方面的工作经历，我相信自己能够胜任，而且拿破仑曾说‘不想做将军的士兵不是好士兵’，一个人对自己有更高的目标，说明他有雄心，更能在自己的岗位创造价值。贵公司究竟需要一个什么样的人呢？请告诉我。”

经理抬起头，平静地说：“我们公司需要一个认真负责的普通职员，但今天我面试了几十个人，他们都和你一样，想要成为经理。”

究竟是期望过高，还是心性过高？我们总是追求那些与自己能力并不相符的事。或者，我们觉得能力与实际相符，却忽略了自己有那么多的竞争者，他们每一个都不比自己差，自己显然无法鹤立鸡群。这个时候，自信是不是太过盲目?

有时候我们的自信是被逼的，而不是自愿的。因为一旦目标太低，就会担心自己丧失动力，还会担心别人的嘲笑，有时候苛求让我们丧失了冷静的眼光和理智的头脑，变得再也不能看清自己。他人客套的夸奖，更让我们飘飘然，忘记自己是谁。最后，理想和现实的差距明明白白摆在面前，难怪我们会受伤。

有句古语说，没有金刚钻，不揽瓷器活。每个人都应该正视自己，即使你对未来有“高标准”安排，不代表你现在已经具备这种能力，你应该“严要求”自己的努力程度，而不是要求立竿见影，马上就做出成绩扬眉吐气。那不符合事物的发展规律，也恰恰证明你不够成熟，对人生的看法太简单。

去年，春来失业了。他希望找到一个好工作，但工作难找，在人才市场上流连大半年，却没有任何收获。他的父亲问他：“难道真的没有人雇用你吗?”春来说：“也不是没有，最近就有一家公司通知我去上班，是月薪1200的超市理货工。我以前做的是月薪3500的工作，怎么能越活越回去呢?”

父亲没说什么。第二天，父亲说：“你在家也是待着，我刚收了一车茄子，陪我去市场卖了吧。”父子俩拉着车到了市场，已经有很多卖茄子的，都是1.2元一斤。春来问：“我们卖多少钱?”父亲说：“两块钱。”春来以为这种“高价政策”会得到顾客们的惠顾，以为这样卖得更好，实际上，别人一听价格转头就走。春来不禁说：“爸，价格是不是高了?”父亲说：“不行，就卖两块!”

接近中午，卖茄子的人更多，茄子已经降到了一斤八毛钱。春来说：“爸，咱们再不降价，肯定卖不出去，降价吧。”父亲横了他一眼说：“不降，就卖两块。”

傍晚的时候，其他卖茄子的人基本都卖光了，开始甩卖，五毛一斤处理尾货。春来说：“爸，还不卖啊？等会儿连买的人都没了。”父亲点点头说：“说得也是，卖了吧。”好不容易来了个顾客，花十几块钱弄走了一车茄子。

回家路上，春来一个劲儿抱怨父亲不肯降价，错过了好机会。父亲说：“你说得不是挺明白的？货物的价格必须跟着市场走，那你找工作为什么不跟着求职市场的趋势走?”春来恍然大悟。第二天，他当了某超市的理货工，月薪1200。

一旦对生活有太多奢望，就会充满失望。不论你的车子上装了什么货物，不论你对自己有什么样的期许，人生的市场上，我们只能随行就市，不能等待整个大市场来迁就你。说穿了，你还没有这个价值，等你真的到了某个领域的顶峰，不用你拉车，别人就会在你的门前排队等候，这就是现实。

人应该追求什么样的目标？不要只盯着那些所有人都在盯着的辉煌目标，也不要总想着目标有多大价值再决定去付出，要抓紧最现实、最容易实现的那个。如果你是一个谐星，就在喜剧舞台发挥自己的光彩，不要想着当一个歌唱家。与其好高骛远，不如实实在在做好手边的事，做好今天的事。

学会选择适当的目标，是对现实的妥协，也是因为心中装了更大的算盘，因为凡事如能量力而行，做起来就会很轻松，成功的可能性也会大很多。时刻提醒自己吧，未来的路还长，把计划订得久一点，没有什么大不了。

第二章

不要太早放弃，有些道路很曲折，但前途却光明

一个人的优秀绝不是一蹴而就的，而要饱受漫长的煎熬。
也许你努力了很久，却一直没有成果。
这时请不要难过，也别气馁，
因为你并不是没有成长，而是在深深地扎根。
绳锯木断，滴水穿石，日积月累地积蓄力量，
才能够在忽然间爆发。
坚决不放弃，一直走下去，
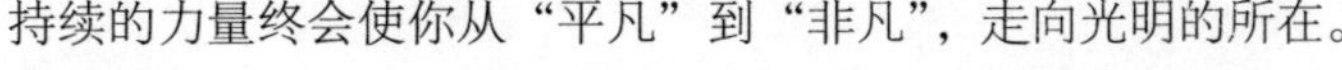
持续的力量终会使你从“平凡”到“非凡”，走向光明的所在。

01. 上了路，就不能半途而废

在通向成功的路上，最艰难的不是因为成功的道路有多少险阻，而是在路途中半途而废。在朝同一个目标前行的过程中，总是有人成功，有人失败，有人将这归结于个人能力的问题。但是很快人们就发现，最终站到成功顶端的往往不是那些聪明绝顶的人，而是那些在路上认定了事情就决不放弃的人。

很多人抱怨自己时运不济，得不到幸运女神的垂青。事实上，运气对于每个人的机会都是均等的，只是没有提前告诉人们它到来的准确时间。或许有些人的好运气到来的时间早一些，而另外一些人的好运气到来的时间会晚一些。但是无论早晚，只要上了路，就不能在路上半途而废。

1883年，极具创造精神的工程师约翰·布罗林雄心勃勃地着手建造一座横跨曼哈顿和布鲁克林的大桥。这在当时的桥梁建筑专家眼里，是一个不可能完成的任务，他们都奉劝他放弃这项计划。但是布罗林的想法得到了同样是桥梁工程师的儿子华盛顿的支持。父子两人于是到处游说那些愿意投资的银行家，最终获得了银行家们的支持。

然而，在大桥刚刚开工的两个月后，施工现场就发生了灾难性的事故。作为总工程师的布罗林在这次事故中不幸身亡，作为他最重要助手的华盛顿在这次事故中脑部也受到了严重伤害。当这两名最重要的工程师都无法工作的时候，失望的情绪开始蔓延，几乎所有的民众和银行家都认定这项工程就此泡汤了，因为已经没有人能够建造这座大桥。

可是，已经丧失了说话和行动能力的华盛顿并没有失去信心，他的思维依然没有受到多大的影响。他决心要把父子两人花费了巨大心血的大桥完工，他坚信在挫折面前总能找到应对的办法。

在仔细观察后，华盛顿想到，自己虽然不能够说话，但是却可以用他唯一能动的手指来与别人进行交流。于是，他就用那只手敲击他妻子的手臂，通过这种奇怪的方式把设计意图传达给仍然在建造桥梁的工程师们，整整花费了13年的时间。华盛顿就这样用一根手指指挥着大桥的建设，直到雄壮的布鲁克林大桥最终完成。

在众人眼中，布鲁克林大桥的完成可以称得上是建筑史上的一个奇迹。人们除了赞叹大桥的雄伟壮观之外，更惊叹于建筑师惊人的毅力。当放弃和失败的声音在身边无法散去的时候，当觉得无路可走的时候，要学会对自己说："千万不要放弃，只要坚持哪怕是一点点就能接近成功。"

在放弃中失败的人，其实输给的不是现实，而是自己；那些不断坚持、最终取得成功的人，他们收获到了远比成功本身更为重要的财富。

去埃及旅游的人基本上都会到开罗博物馆去参观。在那里，人们可以看到从图坦卡蒙法老墓地里挖掘出来的大量宝藏：这包括了举世闻名的精美黄金面具，还有大量的珠宝饰品、象牙黄金器具等。但是很少有人知道，假如没有霍华德·卡特决定再向前多挖一天，也许时至今日我们依然无缘欣赏这些深埋于地下的宝藏。

那是在1922年的冬天，卡特几乎放弃了可以找到年轻法老墓葬的希望，而那些对他考古工作进行赞助的支持者也准备取消对卡特的赞助。卡特在自传里写道："这将是我在山谷中的最后一季，我们已经挖掘了整整六季了，春去秋来毫无所获。我们一鼓作气工作了好几个月却没有发现什么，只有挖掘者才能体会到这种彻底的绝望感。我们几乎已经认定自己被打败了，正准备离开山谷到别的地方去碰碰运气。然而，要不是我们最后垂死地努力一锤，我们永远也不会发现这超出我们梦想所及的宝藏。"

卡特的最后努力让他的发现成为世界头条新闻，而他多年的努力最终也得到了丰厚的回报。在很多情况下，正是这种甚至有些偏执的坚持让那些看上去并不是很聪明的人赢得了最后的胜利。这种胜利是当之无愧的，没有人会质疑成功的水分。

著名漫画家查尔斯·舒尔茨告诉记者他不是一夜成名的人，即使在他出版了有名的《花生米》漫画之后。他曾经也说："《花生米》不是立刻就造成轰动的，那是一段漫长艰辛的过程。大概过了四年之久，史努比（漫画中的主人公）才受到全国的瞩目，而它真正建立地位则花了长达十年的时间。"

没有谁能够随随便便成功，对于成功道路上的苦与甜，每个人都有不同的看法，但是唯一不变的肯定是对一件事的坚持。人生的道路太艰难，路途太坎坷。坚持意味着持之以恒，就像房屋是由一砖一瓦堆砌成的，就像成绩是由一次一次的得分累积而成的……不要心急，慢慢来。

02. 有些事，没有想象中那么难

很多人总是习惯给自己制订种类繁多的计划，但最后多是不了了之。问及原因，往往只有一个字——难。“难”已经成为人们最常见的一个借口，是原谅和解脱自己的一个最有说服力的借口，也是获得别人同情的一个最难辩驳的借口。可是，我们遇到的事情真有那么难吗？

曾经结交过一个朋友，在年初的时候信誓旦旦地写下一年的计划，包括要去哪儿旅行，要读多少书，要去看谁的演唱会，等等，事无巨细。到了年末的时候，突然在聚会中谈及他的计划，他有些不好意思地说基本上都没有完成。看着我们有些失望的态度，他急忙解释道：“不是我不想做，而是太难了！”说完开始给我们算旅行的花销太多啦，阅读的时间太少，等等。在大家表示都能理解的时候，这位朋友露出一种心安理得的释然笑容。

回到家里，我重新看了一下年初他的计划，真的有那么难吗？其中有一本书只是一本不到 100 页的绘本，而其中一项旅行目的地就是他所在城市的郊区而已。

扪心自问，你有过这样因“难”退却的时候吗？该好好反省一下了，为什么觉得“难”？

英国一家报纸曾经举办了一场非常有意思的智力竞赛，竞赛的题目是这样的：有三个对人类做出过巨大贡献的名人，他们分别是医学博士、著名化学家和举世瞩目的核物理学家。有一天，这三人搭乘同一个热气球。热气球在半空中突遇风暴，残酷的现实是，只有把其中一人推下去，才能确保另外两人的安全。问题是，究竟谁应该被推下热气球呢？

在比赛的题目公布以后，该报社收到了数以十万计的答案，都用长篇大论来证明三个人对人类贡献的大小。然而，最后获得大奖的却是一个12岁的小孩，她的答案非常简单，只有一句话："把最胖的那个人推下去。"小孩子在这次竞赛中表现出令人意想不到的智慧，关键是她的思考方式与众不同。

小孩的思维方式就是最简单、最直白的方式，但是也是最有效的。

问题来了，为什么我们总是觉得很多事情很"难"呢？

或许就在于，我们习惯以一种固有思维思考问题，结果往往是把问题复杂化了。明白了这个道理，在遇到困难的时候，不要再一味地沮丧懊恼，不要因为"难"而退却，学着换一种方式思考吧。改变思维方式，试试另一种方式，或许事情就会变得简单起来，也就能成功地得到解决。

众所周知，马拉松比赛是一项极度考验人的耐心和体力的运动项目。1984年的东京国际马拉松邀请赛中，名不见经传的日本选手山田本一大爆冷门，夺得了世界冠军。在比赛结束后，当记者问他凭什么取得如此惊人的成绩时，他的一句"凭智慧战胜对手"让当时体育界嘘声一片。

听到这样的回答，许多人都认为这个偶然跑到前面的矮个子选手是在故弄玄虚。毕竟马拉松比赛是体力和耐力的较量，只要身体素质好再加之有耐性就有希望夺冠。爆发力和速度都还在其次，如果非要说是用智慧取胜确实有些太牵强了。

两年之后，国际马拉松邀请赛在意大利北部城市米兰举行，山田本一依然代表日本队参加比赛。这一次，他出人意料地又获得了世界冠军。当记者再一次请他谈经验时，生性木讷、不善言谈的山田本一回答的仍然是那句“用智慧战胜对手”。这一次记者虽然没有嘲笑和挖苦这名选手，但是对他的答案依然表示非常不理解。

是谜底总有揭开的一天，答案就藏在山田本一的自传中。在自传中，他是这样说的：“每次比赛之前，我都有一个习惯，那就是乘车把比赛的线路仔细地看一遍，并把沿途比较醒目的标志画下来。比如第一个标志是学校，第二个标志是一所房子，第三个标志是一口池塘……这样一直画到赛程的终点。每当比赛开始以后，我就奋力地向第一个目标跑去。等到达第一个目标后，我又以同样的速度向第二个目标奔去。四十多公里的赛程，就被我分解成这么几个小目标轻松地跑完了。最开始的时候，我并不懂这样的道理，我一直把我的目标定在四十多公里外终点线上的那面旗帜上，结果我跑到十几公里时就疲惫不堪了。我被前面那段遥远的路程给吓倒了。”

确实，人生需要远大、宏伟的计划，但计划再远大、再宏伟，也像上楼梯一样，需要一步一个台阶地向上走。把大计划分解为多个易于达到的小计划，脚踏实地地向前迈进。慢慢地将这些小目标逐个实现以后，我们就会发现，那些计划并不是遥不可及，成功也没有想象中那么难。

是的，要完成一个目标时，我们很多时候会因为目标太远大、太遥远而觉得难，这时候我们为什么不学习一下山田本一的方式呢？就比如文章最初提到的那个朋友，不到 100 页的绘本可能需要三个小时才能看完，但他每天抽出三分钟去看，用不了几天就能看完了，这很难吗？

在这一方面，美国著名作家赛瓦里德说过这样一段话："当我打算写一本 25 万字的书时，一旦确定了书的主题和框架，我便不再考虑整个写作计划有多么繁重，我想的只是下一节、下一页，甚至下一段怎么写。在六个月当中，除了一段一段开始外，我没想过其他方法，结果就水到渠成了。"

拿破仑有一句名言："不想当将军的士兵不是好士兵。"这句话是很多人的座右铭，但不是人人都能实现的理想。不必怀疑自己的能力，甚至放弃努力，不妨试着将事情进行细化，先当好一个小兵，然后有计划、分步骤地去实施，步步落实。相信，成功的喜悦会慢慢浸润我们的生命。

03. 迎着困难上，挺住就是胜利

在很小的时候，很多人都会记得这样的顺口溜："困难像弹簧，你强它就弱，你弱它就强。"事实上，最简单的真理往往就是最直白的。在祝福的语句中，人们总是习惯将所有美好的词汇往上堆积，但事实上这只能是一种美好的祝愿。生活上的困难和不如意就像空气一样自然，没有人能够脱离。

人在行走的时候，头部有两种姿态——抬头和低头。一般抬头的时候都是志高气满的时候，而低头则往往是遭遇挫折困难之际。其实大可不必这样，在遭遇困难的时候，每一个人依然可以昂首。有着辉煌人生经历的人与普通人的区别不仅在于他们能够高瞻远瞩、洞悉事物发展的规律，更在于他们拥有坚韧不拔的性格，能够承担前进道路上的挫折和困难，不在困难面前低头。

已经退休的菲尔德先生不甘寂寞，有一天他突发奇想，试图在大西洋的海底铺设一条能够连接到欧洲大陆的电缆。这种异想天开的举动让他的家人和朋友大吃一惊。如此浩大的工程，其他人或许想都没有想过，而他要将这种事情变成一种现实。

面对周围的质疑和嘲讽，菲尔德并不在意。他全身心地开始推动这项事业的发展。为了获得英国政府的支持，他使出了浑身解数。最终，他的方案在议会中以微弱的优势通过。但这只是他万里长征的第一步。

在铺设电缆的过程中，只铺设到五公里的时候，电缆就被卷到机器里面弄断了。他首次的尝试很自然地以失败告终。

很快，菲尔德就开始了自己的第二次试验。在铺设到200英里的时候，电流突然中断了。为了保护船上人员的安全，菲尔德不得不命令割断电缆，放弃这次的实验。很显然，他的第二次试验也以失败收场。

就这样，他前前后后总共进行了五次实验，但是结果都是失败。当第五次失败的消息传来的时候，已经没有人愿意和菲尔德合作了。因为看不到成功的迹象，最后的投资人也选择了离开。万般无奈之下，这项工程不得不搁置，而且这一搁置就是一年。

在所有人都快忘记这件事的时候，菲尔德先生组建了一个新的公司，继续从事这项工作。他的公司制造出了一种新型电缆。这次铺设工作一气呵成，而且顺利接通，发出了第一份横跨大西洋的电报。

菲尔德先生铺设的海底电缆到现在仍然在使用，这是他做出的卓越贡献。

这种事业的成功对很多人来说都是可望而不可即的。在事后，很多人将菲尔德的成功归结于技术的改进、投资人的英明。事实上，促使他成功的最重要因素就是在困难面前的坚持。这种坚持能够产生出强大的精神力量，能够让所有的人在困难面前无所畏惧。

要想获取成功就必须要懂得拼搏，而拼搏的过程中难免会经受不可预知的失败和痛苦。生活的强者会在困难中站立起来，站在新的高度开始新的拼搏。人们之所以觉得伟人强大，不仅是因为他们取得了常人难以企及的成就，更是因为他们在面对困难时的那份从容和淡定。生活中有一座座困难之山，要想取得成功，就必须不怕曲折坎坷，不惧路远山高，一路拼搏。

西汉时期，射箭穿石的将军李广之孙李陵长大成人。李陵此人谦和仁爱，并继承李广的英勇，能骑善射，有着万夫不当之勇。

汉武帝很喜欢他。当时，匈奴时常扰乱边疆，武帝就命李陵出兵征讨。李陵领命出征，不料却中了匈奴诡计，兵败如山倒。在几经突围失败之后，李陵选择了投降。

堂堂将军投降，这对武帝来说简直是奇耻大辱。满朝大臣纷纷上谏，认定李陵有罪。

司马迁与李陵是故交，深知李陵勇敢、善战、爱部下，所以当汉武帝问他意见时，司马迁很坦诚地说："李陵投降必有原因，说不定是一种计谋也未可知。现在朝廷中有许多人讲李陵的坏话，只是因为他平时不会巴结，不会依傍。就算他是真投降，无论如何，他已杀了那么多匈奴士兵，对国家还是很有贡献的。"

汉武帝听到司马迁这样为李陵开脱，大发脾气，认为司马迁不但在为李陵讲情，更是在讽刺其他大臣，就立刻把他关入了牢房，并处以宫刑。

司马迁受到了这种奇耻大辱，本想一死了之，可他想起父亲司马谈的遗言，又想到史书还未完成，化悲痛为力量，站起身来说："死有重于泰山，有轻于鸿毛。自古以来，只有最不平凡的人，才能忍辱偷生，发愤著作，永垂不朽。"

在狱中，司马迁决定发愤著作，以便完成自己的毕生志愿。最终司马迁凭借着前期大量的积累和自己亲身的感受，写下了一百三十卷的《史记》。这是中国历史上最伟大的史书，也是后代正史的蓝本。司马迁为中国历史做出了不可磨灭的功绩，名垂青史。

如果从挫折的角度讲，司马迁的遭遇可谓是极大的不幸。但是这种不幸并没有成为他消沉的理由，反而成为了激发他不断前行的动力。受此大辱之后有些人会选择一死了之，但是司马迁并没有这么做，而是选择了在困难和不幸中抬头前行，选择了沉默和忍耐。正是他的这些行为，给中国文学史和历史上留下了《史记》这样光耀千古的传世名作。

那些最美好的追求，那些对未来最真挚的许诺，这所有的一切的实现看似很难，其实也很简单，那就是：不妥协、不放弃。做好了这些，你只需要慢慢等待下去即可。

04. 厚积薄发的张力，无与伦比的美丽

在生活中，我们常说一句俗语：“十年磨一剑。”有人对这种行为嗤之以鼻，认为用十年磨一剑的时间太长了，是一种浪费青春和生命的行为。但是，心有未来的人知道，这十年正是自己积蓄力量的期间。“人生能有几个十年”，这句话从心浮气躁的人口中和坚定不移的人口中说出来完全是相反的意思。

在群雄逐鹿的三国时代，有太多的英雄人物。无论是文还是武，这都是一个群星闪耀的时代。但有意思的是，最终统一天下的是司马家族。而在司马家族最初的崛起中，最重要的人物就当属司马懿了。

司马懿是在曹操赤壁之败后投靠魏国的，这个时机选择得非常恰当，因为他恰好抓住了曹操大败后求贤若渴的机会。但曹操眼光独到，生性谨慎，看得出司马懿胸怀大志，就故意不让他近身委以重任，而叫他辅佐曹冲，想以此考验一下司马懿的忠心和能力。这时他没有选择离去，而是尽心尽力地留在曹冲身边。

在内部的官廷斗争中，曹冲死于非命，曹操又命他另侍新主。但这时曹丕、曹植、曹彰等各自的前景未明，司马懿并没有选择将自己的未来寄托在某一个人身上。于是他继续选择了忍，为曹冲守灵三年。待曹丕前景明朗后，

他才重出江湖，加以辅佐。

在很长的一段时间，曹氏家族对司马懿进行了数次的打击，他的官位也忽上忽下，有的时候甚至有性命之危，但他凭借自身的智慧和坚韧挺了过来，最终奠定了司马家族在魏国的地位，夺得政权。

司马懿选择了忍，在默默无闻中不断积蓄力量，在默默无闻中发展自己。正所谓，不飞则已，一飞冲天；不鸣则已，一鸣惊人。

或许每个人的天资有限，没有高贵的血统，更没有治国安邦的旷世才华，但是我们可以选择降低自己的姿态，在默默无闻中磨炼自己，等待着爆发的那一刻。

生活中那些取得较大成就和成功的人，并不是一开始便居于高位，也不是有一步登天的本领，而是他们在不被重视和重用时不甘沉沦，没有退缩，不断地完善自我，最终迎来了成功。

在日本有一位年轻的女孩，在走上社会的第一份正式工作就是到东京帝国酒店当服务员。在还没有接触到具体的工作的时候，她就下定了决心要好好地干。但是，让她无论如何没有想到的是，她的主管交给她的第一项任务就是洗马桶。

女孩一下子就蒙了，她怎么也想不到，自己的第一份工作竟然是这样。在嗅觉上和体力上她还能勉强忍受，但是心理上的落差让她一时间无法忍受。最为要命的是，按照主管的要求，马桶的干净程度要达到光洁如新。

女孩没有想到洗马桶还有这样的要求，她开始怀疑自己的选择是否正确。正在她犹豫的时候，一个前辈走了过来，看出了她的疑惑。前辈没有说话，只是拿起了抹布，一遍一遍地清洗着马桶。洗完以后，前辈用杯子从马桶里舀了一杯水，然后一饮而尽。这个举动让女孩摆脱了困惑。最为重要的是，女孩明白了自己以后的道路该如何走好。

前辈的举动让女孩大受鼓舞，于是她痛下决心：即便洗一辈子马桶，也要做一名最出色的洗厕人。在这以后，女孩没有了抱怨和质疑，工作质量很快也达到了前辈的标准。最为重要的是，她迈出了人生的第一步以后，开始逐渐走向人生的巅峰。这个女孩就是日本的邮政大臣野田圣子。

通往成功的道路向来都是呈螺旋或阶梯式前进的，有高潮的时间也有低落的时候，这就像空中飞翔的海鸥一样。海鸥飞翔的时候，不是像大部分鸟儿一样直飞向天，而是需要经过很长一段时间缓慢地、低低地滑翔才慢慢地张开翅膀，然后一下子飞向天际，穿云破雾，上下盘旋……

人生从来没有一蹴而就的成功，不轻视自己所做的每一件事，坚持不懈地努力，这就是厚积薄发的妙处。厚积薄发的道理人人都懂，而这种积累将是多方面的。唯有厚，拥有一颗不断进取的心，不断地积累，才能使自己更强大；也唯有薄，最后的能量才会闪耀出惊人的能量。

厚积薄发，这是一个漫长的经历，慢慢来吧。

05. 在困顿之时，把希望填满

一个人在顺利的时候，往往能够按照自己的计划不断地前行，但是一旦遭遇不幸，身处困顿之时，又该如何去做呢？很多人消极地坐以待毙，也有的人尝试着摆脱这种局面，但是结果常常收效甚微。有人则利用这些困顿的时间认真地进行知识储备，最终在恰当的时机得到了用武之地。

有这样一个男孩，在他出生的时候，恰逢抗战胜利。父母欣喜之下，就给他取名凌解放，谐音“临解放”，期盼祖国早日解放。虽然名字不错，但是他的学习成绩实在是太过糟糕，一路上跌跌撞撞，直到21岁才勉强高中毕业。

毕业之后，他入伍参军，在山西大同当了一名工程兵。在那个时候，他每天都要沉到数百米的井下去挖煤，脚上穿着长筒水靴，头上戴着矿工帽、矿灯，腰里再系一根绳子，在齐膝的黑水中摸爬滚打。听到脚下的黑水哗哗作响，抬头不见天日，他忽然感到一种前所未有的悲凉，自认已走到了人生的谷底。

心有不甘的他开始大量阅读书籍，只要是书，他都拿过来阅读。甚至在没有其他书籍可看的情况下，他借来《辞海》也津津有味地翻阅。书越看越多，他逐渐开始对古人产生兴趣。自小语文功课就不怎么好的他利用业余时间，用铅笔把碑文拓下来，然后带回来潜心钻研。这些碑文晦涩难懂，书本上找不到，既无标点也没有注释，全靠自己用心琢磨。吃透了无数碑文之后，不知不觉中，他的古文水平已经突飞猛进，再回过头去读《古文观止》等古籍时，就非常容易。

后来转业到了地方，他开始研究《红楼梦》。正赶上那个时代《红楼梦》研究热。由于他的史料基本功扎实，见解比较独到，他很快就被吸收为全国红学会会员。在一次“红学”研讨会上，专家学者们从《红楼梦》谈到曹雪芹，又谈到他的祖父曹寅，再联想起康熙皇帝，随即有人感叹，关于康熙皇帝的文学作品，国内至今仍是空白。言谈中，众人无不遗憾。说者无心，听者有意，他心里忽然冒出一个念头，决心写一部历史小说。

1986 年，他以笔名“二月河”出版了第一部长篇历史小说《康熙大帝》。此后，他的创作就像迎春的二月河一样，多年的积累喷薄而出。

毫无疑问，假如没有在部队时拼命自学的精神，就不可能有后来名满天下的“二月河”。他在 21 岁那年坠到了人生最为困顿的时期，但正是这一时期的积累让他在不惑之年步入了人生的巅峰。

没有一次困顿是毫无价值的，在困顿中，也许看不到一时的光亮，但是必须要有不断提高自己的意识，不断地充实自己。如果在困顿中无法进行储备，那即便是一时脱离了困顿，也不会走得更远。

乔治的父亲辛曾经是一名拳击手，曾多次获得过拳击比赛的冠军，如今年老力衰，只能卧病在床。

有一天，父亲的精神状况不错，看着一直陪伴在自己身边的儿子，对儿子说了某次赛事的经过。那是一次拳击冠军的对抗赛，他的对手是一位人高马大的选手。辛的个子相当矮小，由于体型的悬殊，他一直无法反击，反而被对方击倒，连牙齿也被打出血了。

在中场休息时，辛的教练鼓励他说："辛，千万别怕，你一定能挺到第12局！等你撑到那个时候，你也就快要接近成功了。"听了教练的鼓励，辛也说："我不怕，我应付得过去！"于是，满身是伤的他跌倒了又爬起来，爬起来后又被打倒，虽然一直没有反攻的机会，但他却咬紧牙关支撑到第12局。第12局眼看要结束了，对方打得自己心里都没有底气了，仿佛辛是永远也打不倒的人一样。正当比赛快要结束，对手还有些愣神的时候，辛发现这是最好的反攻时机。于是，他倾全力给对手一个反击。只见对手应声倒下，而他则挺过来了，那也是他拳击生涯中的第一枚金牌。

当困顿让自己的生命逐渐丧失光彩的时候，请千万记得这是积累力量的最好时刻。在通往最后成功的道路上，我们也许做不到招招制敌，但是可以做到一击制胜。

被日本人推崇为"经营之神"的著名企业家松下幸之助，曾经历过卧病在床、发不出薪资的窘境。他在《路是无限宽广》一书中回忆这段日子时说道："只要我们本身具有开拓前途的热忱，从心灵深处拜各种事物为老师，虚心去学习的话，即便处境困顿，前途依旧是无可限量的。"

没有迈不过去的坎儿，有的只是懒惰的脚步；没有无法到达的成功，有的只是在挫折和困顿中的自怨自艾。所以，在困顿之时，无须抱怨，无须自弃，学着慢慢充实自己吧，慢慢地把人生的希望填满。当你在困顿中沉淀出惊人力量的时候，就是即将取得最后胜利的前兆。加油！

06. “低就”往往成全“高成”

一步登天的情况并非空前绝后，却也是凤毛麟角。用当代的话说，那是小概率事件，少数人才能拥有的幸运。但是，如今有不少“志存高远”的人，冀望一步登天，一旦不得志，就感慨人生的不公平，感叹自己被大材小用，从此不思进取和沉沦，甚至懦弱和畏缩，越来越难发展。

吴凯的经历就是这方面的一个典型例子。

吴凯是某名牌大学中文系的高才生，他思维敏捷，才华出众，又很自信，毕业后被分配到了一家省级出版社工作。吴凯一直想当一名针砭时弊、实事求是的记者，可一开始上司只分配他校对文稿。

校对文稿是一项最基本的工作，整天待在办公室，又非常需要认真和耐心，这让一心想干一番大事业的吴凯感到非常不满，他终日提不起精神，对工作毫不认真，敷衍了事，结果经他校对的文稿错误百出。上司原本认可吴凯的才学，之所以让他先做校对文稿，是有意锻炼他的耐心与毅力。现在，他见吴凯连文稿都校对不好，便失望了，心想吴凯连最简单的工作都做不好，还能干什么重要的工作呢，于是就将之辞退了。

没有一条路平整到毫无坑洼，但我们却不能因为坑洼而拒绝前行；没有一片土地平阔到没有低谷，但我们也不能因为低谷而放弃大河山川，否则迟早会栽跟头的。如果一个人不能沉下心来好好做事，终究只能让自己局限于旧有的捆绑中不得前进，即使是个杰出人才，也会枉然。

有句话正揭示了这个道理：“别想一下就造出大海，必须先由小河川开始。”要想“高就”，就必须在恰当的时候“低就”，“低就”不是不思进取和沉沦，更非懦弱和畏缩，而是在客观上给我们创造一种机遇，在“低就”中积蓄力量，调整心态，磨炼意志，为我们带来不一样的改变。

关于这一点，文艺复兴时期英国最杰出的戏剧家和诗人莎士比亚给我们树立了一个良好的典范。下面，让我们一起来看看他是怎样一步步走向成功，在历史舞台上独占鳌头、名垂青史的。

莎士比亚在很小的时候有机会接触到了剧团演出，他惊奇地看到为数不多的几个演员凭借一个小小的舞台，竟能演出一幕幕变幻无穷的戏剧来：一会儿再现古代世界，一会儿描绘现实人生；有时候让人捧腹大笑，有时候催人泪下。莎士比亚暗下决心，要终生从事戏剧事业，当个戏剧家。

但是，当时英国的戏剧工作是一个高级的职业，活跃着一批受过高等教育，而且在戏剧方面有些成绩的职业剧作家，他们垄断了剧坛，根本不许普通人插入。为了接近戏剧事业，莎士比亚主动到戏院工作，然而对方提供给他的是一份马夫工作，即专门等候在戏院门口伺候看戏的绅士。

尽管这是一份很卑微的工作，但莎士比亚还是答应了下来。待表演开始后，他就从门缝或小洞里窥看戏台上的演出，边看边细心琢磨剧情和角色。回到家后，他时常模仿台上人物和戏剧情节，有声有色地演戏，他还发愤地翻看文学、历史等方面的书籍，自修希腊文和拉丁文，掌握了许多戏剧知识。

终于，他等到了一个上台表演的机会。有一次，剧团需要临时演员，莎士比亚“近水楼台先得月”。由于出色的理解力和精湛的演技，他的表演得到了大家的肯定，不久就被剧团吸收为正式演员。

为了提高和丰富自己的演技，莎士比亚经常深入下层社会，观察那些流浪汉、江湖艺人和乞丐，同他们谈心，体会他们的思想感情。同时，他还大量阅读各种书籍，了解了各国的历史和人民不幸的命运。27岁那年，莎士比亚写了历史剧《亨利六世》三部曲。剧本上演，引起戏剧界的普遍注意，他终于有幸进入了伦敦戏剧界。1595年，他又写了《罗密欧与朱丽叶》。剧本上演后，莎士比亚名霸伦敦，成为戏剧界大师级人物。

人生从来没有一蹴而就的成功，需要慢慢来才行，而且慢工才能磨出细活。面对周围不尽如人意的环境，莎士比亚并没有整天抱怨，或者寄希望于一步登天，而是从戏剧界最底层的马夫做起，努力学习戏剧知识，最终将现实中令人不满意的成分降到了最低限度，成为了一名闻名海外的戏剧家。

只要自己是块金子，何愁不发光呢！保持一份豁达，在“高不成”时暂且“低就”，不轻视自己所做的每一件事，坚持不懈地去努力，未来的路才能走得更加宽阔。相信，总有一天，你会完成“高成”的完美蜕变。

07. 优秀人士每一天都在进步

无论做什么事情都要有一个循序渐进的过程，质变的飞跃离不开量变的累积。成功是一个无比漫长的过程，卓越者之所以成功，平庸者之所以失败，往往不单单是个人能力的高低，更在于耐心和坚持。成功者往往坚持每天进步一点点，今天比昨天进步，明天比今天进步一点点。

每天进步一点点，听起来好像没有冲天的气魄，没有诱人的硕果，没有轰动的声势，可今天进步一点点，明天也进步一点点，持之以恒，坚持不懈，积少成多，其“水滴石穿”的力量不能小觑。

美国颇负盛名、被称为“传奇教练”的篮球教练约翰·伍登就是坚持以“每天进步一点点”这个执教之道，引导了自己和队员们积极向上的精神面貌，从而实现了从平庸到卓越的完美蜕变。

加州大学洛杉矶分校以年薪120万美金聘请了伍登，他们希望伍登能够通过高明的训练方法，帮助队员们提升战绩。但是，伍登来到球队之后，却没有什么独特的训练方法，而是对12个球员这样说道：“我的训练方法和上任教练一样，但是我只有一个要求，你们可不可以每天罚篮进步一点点，传球进步一点点，抢断进步一点点，篮板进步一点点，远投进步一点点，每个方面都能进步一点点？只要进步一点点，1%，我就会为你们鼓掌。”球员们一听："才 1%，太容易了!"

天啊！这是什么训练方法？负责人在心里偷偷捏了一把汗。不过，很快他就改变了自己的态度，他不得不佩服起伍登来。因为在新季度的比赛中，加州大学洛杉矶分校大败其他球队，取得了夸张的 88 场连胜，随后七次蝉联全国总冠军。

有记者采访伍登时，问道："伍登教练，你被大家公认为有史以来最称职的篮球教练之一。请问，你是如何做到的?"

"很简单，"伍登很愉快地回答，"每天我在睡觉以前，都会提起精神告诉自己，我今天的表现非常好，而且明天的表现会更好。这样不断地对自己进行肯定，自然就能越做越好。我想，队员们和我一样。"

"就这么简单吗?"记者有些不敢相信。

伍登坚定地回答："听起来很简单，但是又不简单。要知道，这句话我可是坚持了 20 年之久！重点和简短与否没关系，关键是在于你有没有持续去做，如果无法持之以恒，就算是长篇大论也没有帮助。"

……

每天进步一点点，让伍登带领自己的球队取得了一次次的胜利。同样，面对工作和生活中的种种挑战，我们都无须寄希望自己能一步登天，而应该牢记"每天进步 1%"的理念，每天问问自己"今天，我又学到了什么?""今天有没有进步和提高?""今天哪里可以做得更好?"坚持踏踏实实地前进，坚持每天都学习，每天都进步，那么日积月累之后的效果将是惊人的。

克林斯曼是德国足球队的主力前锋，他是一直深受广大观众喜欢的球星之一，被称为"金色轰炸机"。当记者采访他是如何能够保持状态并一直取得成功时，他很感慨地说：“我不是天赋异禀的球员。论天赋，我不如马拉多纳；论身体，我不如贝利。不过这些都不重要，因为我有一颗上进的心。每次比赛后，我总会问自己还能踢得更好些吗？或是哪些地方是我的不足？”

相信一点：你能在现有的基础上做得更好。

王小莉身材瘦小，貌不惊人，而且只有大专文化水平，却有幸在一家较有名气的外资企业任文员。刚进公司那段日子是最难熬的，老板把王小莉当成个只会干杂事的小职员，不停地派些零七八碎的事情让她做，从来没有表扬过她。王小莉自知自己学历低、经验少，但她不允许自己的人生这样“惨淡”，于是她除了把工作做得周到细致外，还不断地学习，只要有空就认真翻阅琢磨自己所能见到的各种文件。她坚定地相信：“只要我每天多学习一项业务，我就是好样的，有一点进步就是胜利。”王小莉就这样不断地激励自己，一年后她对公司的业务可以说了如指掌，她的自信心也强大起来了，这为她进入通畅的良性工作循环状况做了坚实的准备。

王小莉的自信和专业让老板刮目相看，不久就提拔她做了秘书，负责公司的日常事务。秘书工作需要协调各组的资源，帮助老板处理很多的问题，还有很多事情要学，这一切她之前没有接触过，怎么办呢？于是，王小莉又报考了职业培训班，风雨不误，她每天都会鼓励自己：“今天我又学到了新知识，我是好样的，我会越来越棒的，我也相信我的职场之路会越走越宽广的。”

事实上，不断进步的过程就是一个不断肯定自我的过程。今天进步一点点，明天也进步一点点，不断地对自己进行肯定，你就能积累一种超凡的技巧与能力，获得强大的内心力量，获得更多的资源和平台，从而进入卓越者的行列。

成功不是偶然的，是要付出努力的。恰如烧水，99℃的热水和100℃的开水就不一样。只差1℃也是没开，这不是因为天气太冷，而是火候未到。没有成功，一定是量的累积不够，没有量的变化哪有质的飞跃？

人生是一个追求比昨天更卓越的过程，若想成为优秀的人、卓越的人，你就要牢记“只要努力就值得肯定，有一点进步就是胜利”的理念，哪怕是1%的进步也要肯定自己。坚持下去，不仅能彰显自己积极进取的美德，而且能积累一种超凡的技巧与能力，使自己具有更强大的生存力量。

第三章

越是运气不好，越要沉住气

现在的你可能默默无闻，或经历失意，
但这并不意味着你就没有前途，
重要的是你能否“熬”得住，挺下去。
越是运气不好，越能沉住气，隐隐振作，
这是一种从容淡定的气魄，一种宠辱不惊的成熟，
如此你便走在了生命蜕变的路上。
当走过生命的一周匝，再回过头来看，你会惊喜地发现，
人生根本就没有什么不好，只是一个不断追求和攀登的过程。

01. 只要你肯努力，无论朝着哪个方向，都是向上的

上天是公平公正的，人生有得意也有失意，几乎每个人都会遇到大大小小的挫折或失败，这是在所难免的。无可否认，失意会使人不可避免地会产生焦虑、烦躁、懊悔等情绪，但是我们切莫因失意忘形。

所谓“失意忘形”，是与“得意忘形”相对应的。“失意忘形”是一种自轻自贱，也可以说是自暴自弃的行为。生活中经常有这样一些人，他们面对挫折或失败不能自拔，结果使自己更加悲观、消沉，甚至堕落，陷入了抱怨和诅咒命运的怪圈中，自卑自怜地度过一生，毫无作为。

王宏是一位名副其实的“海龟”，他在美国某知名大学修了工程管理课程，以优秀的成绩毕业，可谓才华出众。他毕业回国后，几乎周围所有人都看好他的未来，但事实并非如此。为什么会这样呢?

原来在求职过程中，王宏希望自己能够坐上经理类的职位，但是一直未能如愿，他只好勉强在一家化工企业做人力资源主管。王宏觉得待遇太差，内心感到莫大失落，错误地认为企业对他不信任甚至有负于他。于是，他工作时不是无精打采，就是心不在焉，或者经常拿着电话说个没完。

这种不敬业的态度严重地影响到了王宏的工作质量，故厂长始终没有提拔他，而王宏因得不到嘉奖和升迁，变本加厉地不敬业，郁闷之余竟然开始收受个别员工贿赂谎报绩效，结果被发现后遭到开除。

本事例中，王宏的经历不正是失意忘形、致使灾祸的典型案例吗？的确，人生失意的时候容易失态，心态难以平衡，如此就不知道自己的未来，于是消极和绝望就会趁隙而入，导致失意忘形。无论是对个人、家庭而言，还是对一个单位或社会而言，失意忘形的危害往往大于得意忘形。

一个成功的拳击运动员曾说过这样一句话："比赛的时候，当你的左眼被打伤时，右眼还得睁得大大的，才能够看清敌人，也才能够有机会还手。如果右眼同时闭上，那么不但右眼也要挨拳，恐怕命都难保!"拳击是这样，我们的人生也是这样，遭遇了再不顺心的事情，陷入了再糟糕的困境，我们也不应该自怨自艾，悲观失望，而是要充满希望地睁大眼睛，想着如何将自己从眼前的不幸中解脱出来。

成功者和失败者，优秀者与普通人之间最大的差别往往不在于个人真实的能力之上，而是在于在失意时期的选择。无论是生活上的困境还是精神上的磨难，这对于一个有着强大精神信念的人来说都是一种财富。这些事情并不能影响他们走向成功，因为这是他们所必须要经历的。

是的，只有非常的境遇才可以试验出一个人的品格，失意之时方才可显示出非常的气节。身在严酷的境遇之中，有些人不为悲观的思想所萦绕，不屈服于命运的摆布，他们会对自己的失意坦然一笑，把注意力放在解决问题上，善于运用一切可以利用的条件和命运做斗争，最终他们就有机会翻身。

苏轼，一个响彻北宋的大文豪，才智超群、学富五车。按理说他的人生应该是一帆风顺，只可惜事实恰恰相反，苏轼的一生多舛不济，他一再被政敌排挤，几次被贬谪，还差点走上断头台。但是，他没有自暴自弃，而是用豪放豁达的性格将失意洗涤，尽量追求人生的意义与生活的乐趣。

首先，苏轼开始潜心研究文学，习字作文，留下“石穿空，惊涛岸……生如梦，一尊还酹江月”等诗词，气势磅礴，格调雄浑，其境界之宏大，魄之雄伟，一腔赤心报国、壮志难酬的感慨昭然若揭。《赤壁赋》是苏轼创作上的高峰，这是一篇充满人生得失哲理的千古美文，就是苏轼被贬黄州时所作。

后来，苏轼爱上了烹饪这一行，且屡屡创新，花样百出。仅在流放黄州、惠州期间他就开发出了二十多道菜肴，“苏式炖肉”、“煮鱼”等一直食用到今日，广受好评；在惠州下放期间，他还研制出一种好酒，取名为“真一酒”。

此外，苏轼虽然出身书香门第，不过在下放期间“无事以当贵，早寝以当富，安步以当车，晚食以当肉”的窘境下，他却能放下身段，务农自娱。比如，在黄州下放时期，他不仅不以为苦，反以为乐，率领一家老小清除断壁残垣，焚烧杂草，开荒播种，喂养家禽，实现了丰衣足食。

苏轼一生怀才不遇、命运多舛，但是这些人生的失意没有压垮他，反而使他从哀伤中振奋起来，成为了一个难得一见的千古大文豪、大美食家、大生活家啊。是什么力量使他失意又自强不息呢？就心理学而言，这皆因为他心怀大气，能以一颗静心来面对世间的失意，他备受后人推崇也正是因这种旷世情怀。

同时，苏轼的做法也给我们带来了启发：人生不可能一帆风顺，遭逢逆境，不要气馁和自我放弃，寄情于所好，发展专长，积极营造快乐的生活，终臻人生的化境。“人有悲欢离合，月有阴晴圆缺，此事古难全”、“大江东去，浪淘尽，千古风流人物……”这些词句无不蕴蓄着苏轼在失意之时的生活态度。

在《探索人生的意义》这本书中，美国作者兼学者葛尼斯有一段话很有意义："我曾是集中营里的囚犯。我永远记得，即使在那样暗无天日的悲惨情况下，有人仍是沿着牢房安慰他人，或是拿出仅剩的面包分给同伴，也许这些人只是少数，但他们证实了一件事，外在环境或许会剥夺人的一切，但夺不走他最后的自由，那就是在恶劣的情况下，他仍有自由选择自己的处世态度及方式。"

俄国作家苏霍姆林斯基说过："人生在世不总是一帆风顺和美妙动人的。"是啊！在这不完美的世界里，谁没有失意的时候呢？重要的是，失意的过程往往是获得真知的过程，如果我们从中分析原因，汲取教训，完善自己，避免今后再走相同的或相似的弯路，那么我们已实实在在地踏上了成功的路。

切记，只要你肯努力，无论朝着哪个方向，都是向上的。

02. 沉浮中，那一脉脉幽香

人之一生，既有受人青睐之时，亦有遭人白眼之际；既有春风得意之时，亦有失意落魄之时。恐怕没有人会喜欢失意，但没有人会一直得意，更不会有人一直失意，失意总让人猝不及防。“人生得意须尽欢”，那么人生失意的时候又该如何呢？在失意的时光里，又有哪些方式可以选择呢？

失意，你可以选择消沉，选择麻木与否定自己，或整日埋怨怀才不遇，生不逢时，从而一蹶不振，意志消沉。但这些是不可取的，因为失意是时间送给所有成大事者最重要的一份礼物。至于能否理解这份礼物的价值，那就看不同人的选择了。如果把失意比作一块石头，它可以是前行的路障，也可以是磨砺的工具。

有一个屡屡失意的年轻人来到寺院，慕名来拜访一位大师。“人生总不如意，苟且活着，有什么意思？”年轻人沮丧地对大师说。

大师静静地听着年轻人的叹息，末了吩咐小和尚：“这位施主远道而来，去烧一壶温水送过来。”一会儿，小和尚送来了温水。大师取了茶叶放进杯子，然后用温水沏了，他微笑着请年轻人喝茶。杯子冒出微微的水汽。年轻人细品了一口，不由得摇了摇头，说道：“一点茶香都没有。”大师说：“这可是名茶铁观音啊！”年轻人再一次端起杯子品尝，然后肯定地说：“真的是没有一点茶香。”

于是大师又吩咐小和尚："再去烧一壶沸水送过来。"不一会儿，小和尚便提着一壶沸水进来。大师起身，又取过一个杯子，放茶叶，倒沸水，再放在茶几上。年轻人俯首看去，茶叶在杯子里上下沉浮，清香不绝，望而生津。年轻人欲去端杯，大师挡开，又提起水壶注入一线沸水，茶叶翻腾得更厉害了，一缕更醇厚、更醉人的茶香袅袅升腾。大师如是注了五次水，杯子终于满了，那绿绿的一杯茶水，端在手上清香扑鼻，入口沁人心脾。

年轻人喝着香气四溢的茶，若有所悟。

人生如茶，品茶如品人生。如果将我们的生命比作茶叶，那么人生的起起落落就是一壶沸水。用沸水冲沏的茶，冲沏了一次又一次，浮了又沉，沉了又浮，茶叶就释放出它春雨般的清幽、夏阳似的炙热、秋风似的醇厚、冬霜似的清冽……而生命也只有在不断地沉浮中，才能激发出人生那一脉脉幽香！

所以，在失意的时刻，要相信这只是暂时的，更要相信这是生活给予自己的一份历练。失意的时光是最值得玩味的，因为它是最为纯粹的。失意的时刻，人往往是最冷静的，这当然也是一个失意的人奋起的时刻。

王明曾是一家公司的高管，职位很高，收入也很好。但是在一次决策中，王明做出了错误的判断，给公司带来了严重的经济损失，让这家公司资不抵债，最终倒闭。一时间，王明在行业内也被人们当作失败的典型。

在经历过打击之后，王明痛定思痛，认真反省决策中的失误，寻找新的经营方式。王明选择了一家小公司继续上班，并且从最底层的职员开始做起。由于有着很好的业务能力，王明很快就成为公司中层的一名管理人员。

历史惊人地相似，王明现在所在的公司遇到了他上一个公司同样的决策难题。在这个时候，王明拿出了详细而可靠的解决方案，并且向领导坦言自己在以前公司时所犯下的错误。最终，新的公司领导认同了王明提出的方案，并且很好地解决了危机。王明也因此被重新提拔为公司的高管。

如果王明没有上次失败经验的积累，他将无法抓住以后的机会重新崛起。人生有很多的遭遇，这些遭遇或让人感受到成功的喜悦，或者让人品味到失败的痛苦。收获喜悦当然是一件很好的事情，但是在失意之时也有它独特的价值，这是一个让我们反思自己有哪些不足和错误之处，进而改正的好机会。

如果将一个人的人生比作一所大房子，得意就是我们不停地在盖房子，砌砖垒墙；在失意的时候，工程需要停下来了，这时就该对房子的设计进行适当的修改。这种修改是对心中终极目标的一种完善。所以，失意的时候，不要害怕，不要逃避，努力完善即可，这样才能让自己变得成熟和强大。

慢慢品读失意吧，因为失意之中不仅有苦涩的味道，更蕴藏着甜蜜的未来。

03. 我们的每一滴汗水，都是对命运的抗拒

在生物学家看来，汗水只不过是人的皮肤所分泌出来的一种代谢物，但是在人的精神世界里，汗水却是勤奋的代称。俗话说“一分耕耘，一分收获”，这其实就是把人生的历程比作了农民种庄稼，没有播种，没有付出，就不要妄图有收获；拒绝流汗，其实也就把成功放在了一边。

的确，成功永远不会从天而降的，我们要端正好心态，用勤奋来耕耘自

己的人生，用汗水来浇灌自己的人生。伴随着汗水的味道的人生才是充实的人生，才是有可能获得丰收的人生。如果总是过于懒惰，或者只想着得过且过，不愿付出劳动的话，那永远也不要奢望得到成功的青睐。

小张和小李两人是大学的同班同学，毕业后同时进入到了一所高中做老师。这对于学习生物的他们来说，无疑是一个令人羡慕的出路，两个人觉得都很幸运。

小张在工作中依靠着自己扎实的学识得到了校方的认可和学生的欢迎，在他的心中，他认为自己从小学到大学苦读十几年，为的就是有这样一份稳定的工作。他觉得待在学校，一辈子做一个有待遇、有假期的高中教师挺好。

而小李则不同，他的工作同样无可挑剔，唯一不同的是他在授课的同时依然没有忘记继续学习。他坚持阅读历史原著，坚持关注学术界最新动态。随着知识量的扩增，小李的讲课水平也越来越高，并且两年后进入名牌大学读研究生，继续深造。

每个人都有着自己不同的选择，没有人会觉得小张的选择有什么不对。但是与不断奋斗的小李相比，小张的人生似乎就黯淡了很多。世上没有天生的懒汉，梦想也曾激励过不止一代人为之不断奋斗。但是一些人只是选择停留在了某一个地方，过一种固定的生活，企图最大限度维持现状，而不愿向前多走一步。

当很多人对“勤奋”这个词语都不屑一顾的时候，还是有所谓的“笨人”在坚持着自己的努力，为实现自己的梦想默默地流汗。在很多人眼中看上去非常聪明的人，我们往往只是看到了他们成功后的笑容，而对于那些背后不为人知的汗水却视而不见。

李嘉诚的成功毋庸细谈，很多人也想知道他是怎样成功的，这也包括了一位新入职的员工。李嘉诚见此情形，并没有从方法上多说，而是对这位新员工讲述了一个故事：

一个记者在采访中，问日本“推销之神”原一平有什么成功的秘诀。原一平当场脱掉鞋袜，对他说：“请你摸摸我的脚板。”

这位记者感到有些疑惑，但还是好奇地摸了摸对方的脚板，他对此十分惊讶地说：“您脚底的老茧好厚呀!”原一平微笑着说：“因为我走的路比别人多，跑得比别人勤。”记者略微沉思后，顿然醒悟。

李嘉诚讲完故事后，淡淡地说：“我没有到摆资格让别人来摸我的脚板的高度，但我可以明白无误地告诉你，我脚底的老茧也很厚。”

这些老茧都是当年李嘉诚每天背着样品的大包，马不停蹄地走街串巷磨出来的。当时的李嘉诚从西营盘到上环再到中环，然后坐轮渡到九龙半岛的尖沙咀、油麻地，他的一双脚几乎走遍了整个香港。后来李嘉诚说：“别人八小时就能做好的事情，如果我做不好，我就用16个小时来做。”

的确，伟大的成功和辛勤的劳动是成正比的，付出多少，相应地就会有多少回报。越想成就一番大事，所要选择的道路就越发艰难。这其实很好理解，如果成功是畅通无阻的康庄大道，那人人都将成为一个所谓的“成功者”。成功只有少数人才能拥有，这是对多干活、多流汗、多出力、多费心的回报。

一时勤奋并不难做到，但要一生勤奋却不是一件很容易的事情。因为勤奋是一种持之以恒的精神，需要坚韧不拔的性格和坚强的意志，需要数年如一日地付出心血和汗水，只有慢慢熬下去的人才能真正做到。

尼可罗·帕格尼尼的奋斗史就说明了这个道理。

帕格尼尼是意大利小提琴演奏家、作曲家，著名的音乐评论家勃拉兹称帕格尼尼是“操琴弓的魔术师”，歌德评价他“在琴弦上展现了火一样的灵魂”。记者问帕格尼尼：“您取得成功的秘诀是什么？”帕格尼尼回答：“勤。”这里的“勤”指的就是勤奋，无论是在哪里，他都是以勤奋而闻名。

帕格尼尼的父亲是小商人，没受过多少教育，但非常喜爱音乐，他聘请了一位剧院小提琴手教帕格尼尼拉琴，那时帕格尼尼刚满七岁。在同龄人耽于玩乐时，帕格尼尼每天早上九点钟开始在家练习拉小提琴，一直到下午五六点钟才结束，他从不偷懒，勤勤恳恳，以至于就连做梦都在拉琴。就这样，帕格尼尼练就了娴熟的小提琴演奏技法，12 岁时他把《卡马尼奥拉》改编成变奏曲并登台演奏，一举成功，轰动了舆论界。

之后，帕格尼尼开始跟着许多不同的老师学习，包括了当时最著名的小提琴家罗拉和指挥家帕埃尔，他依然每天大约用 12 个小时练习自己的作品。1801 年起的五年间，他隐居了起来，但是他并没有停止自己的创作。这一时期他完成了《威尼斯狂欢节》、《军队奏鸣曲》、《拿破仑奏鸣曲》等六首小提琴曲，并创作了小提琴与吉他合奏的奏鸣曲，大大丰富了小提琴的表现力。

1825 年后，已经功成名就的帕格尼尼大可在家享受生活，但是他对待事业的勤勉丝毫没有削减。他往来于欧洲各地举行演奏自己作品的音乐会，1828 年奥地利维也纳，1831 年法国巴黎和英国伦敦，1839 年法国马赛，然后去尼斯，这些演出均引起了轰动，也奠定了他国际演奏大师的地位。

可以想象，如果心中没有一个强大的精神支柱，可能谁也坚持不了 50

年。帕格尼尼 50 年如一日地勤练小提琴，将勤奋发挥得淋漓尽致，最终印证了爱迪生所说，成功=1%的灵感+99%的汗水。

你想比别人成功吗？那么，请扪心自问，你是否像李嘉诚、尼可罗·帕格尼尼那样勤奋努力，那样流过很多汗水呢？

04. 咸有咸的味道，淡有淡的味道

民国才子李叔同出家后，法号弘一法师。一天，他的一个学生夏丏尊前去拜访。当时正是午饭的时间，弘一法师问夏丏尊要不要一起用餐，夏丏尊回答说已经吃过了，看着他吃就行了。

弘一法师的饭菜极其简单，仅有一碗白米饭和一碟咸萝卜干。看着老师的生活是这样俭朴，夏丏尊不免心生感慨，轻声问道："难道你不觉得这样的菜太咸了吗？"

弘一法师淡淡地说："咸有咸的味道。"

一碗米饭吃罢，弘一法师向碗里冲了一杯白开水，涮了涮黏在碗底的几粒大米然后喝下。夏丏尊知道老师出家前的习惯，在吃晚饭后必定要品一杯好茶，而如今只能就着碗底的白水咽下，这样的对比让夏丏尊又问了一句："水的味道这么淡，喝得下吗？"

弘一法师笑了笑："淡有淡的味道。"

弘一法师将佛法应用到日常的生活之中，他的人生可以说是真正体现了

“随遇而安”的精髓。在后人的记载中，他的一条毛巾用了三年，他说还可以再用；住在小旅馆的时候，蟑螂和臭虫爬来爬去，他说只有几只而已。

有人觉得这种淡然是一种非常消极的表现，是没有出息和能力的证明，事实上，随着年龄的增长、阅历的增多，人们会逐渐发现这种随遇而安其实饱含着智慧。在表面上看来，这种随遇而安是一种停顿，甚至好像还有点不作为的意味，但是正是这些不作为让一个人的心灵有了思考的空间，让心志更加的成熟。

对于一部分人而言，采用淡定的生活方式是一种过渡性解决问题的方法，可以帮助一个人减轻浮躁之气，保持头脑的清醒，进而度过不如意的时期。

人称“陶朱公”的范蠡不仅学识渊博，而且足智多谋。他的一生可谓是大起大落，总结起来一共有三聚三散。面对这些得到与失去，他无一不是以坦然面对。

春秋时期，他帮助越王打败了吴王，成就了霸业。胜利后，越王封范蠡为上将军。可范蠡知道勾践为人可共患难不能共富贵，为了避免越王兔死狗烹，只得放弃自己创下的丰功伟业，辞书一封，乘一叶扁舟趁着夜色离去。这是“一聚一散”。

范蠡辞去上将军来到了齐国，更名改姓，耕于海畔。他以他过人的商业头脑，没有几年就积产数十万。齐国人仰慕他的贤能，请他做宰相。范蠡感叹道：“家里有了千金，做官做到宰相，这是一个普通人的极限了。如果总是名声在外，不祥啊。”于是就归还宰相印，将家财分给乡邻，再次隐去。这就是“二聚二散”。

范蠡又来到了陶地。他看到此地为贸易的要道，可以据此致富。于是，他自称陶朱公，留在此地，继续从事商业经营活动。没用多长时间，就累积千万。后来，范蠡次子因杀人而被囚禁在楚国。

范蠡为了搭救自己的儿子，就派三儿子前去探视，并带上一牛车的黄金。可是长子坚持要替少子去，并以自杀相威胁。没办法，范蠡只好同意。到了楚国以后，由于长子办事不力，使范蠡的次子死在了狱中。当范蠡一家得知次子的死讯后，无不悲痛万分。范蠡独说："我早就知道次子会被杀，不是长子不爱弟弟，是有所不能忍也！他从小与我在一起，知道生存的艰辛，所以不忍舍弃钱财。而少子生在家道富裕之时，不知财富来之不易，很易弃财。我先前决定派少子去，就是因为他能舍弃钱财，而长子不能。次子死在了楚国也是情理中的事，无足悲哀。"这就是"三聚三散"。

无论是面对高官厚禄或是富甲一方，他能坦然取之，又坦然舍之。在亲人生死离别的时候，他仍然能够坦然接受。这种得失自如的态度就是一种无言的境界。不要把"失去"当成人生无限大的沮丧，也不要把"失去"当成人生中的大挫折和大失败。在适当的时候要懂得放手，世界永远无尽头，人生自然要永远往前看，"失去"也就变得微不足道了。

即使置身于粪土之中，心却依然淡定自若，那么所谓的苦恼、忧愁、离别、痛苦就显得微不足道、可有可无了。同样是一把盐，你放在一杯水里，这杯水足可以苦得咸得叫你难以接受，但你把这把盐放入一个湖泊或者大河中，它就不苦也不咸了。对人生而言，所有的苦难和不如意就是那把盐。

北宋苏洵在其作《心术》中说："泰山崩于前而不变色，麋鹿兴于左而目不瞬，然后可以制利害，可以待敌。"世界上很少人有天塌下来也不惊慌的心态，所以成功的人总是少数。你想取得成功吗？那就慢慢修炼吧。

05. 最重要的时间就是现在

从宏观上看，人类是大自然的一部分，只有顺势而为，顺应自然规律，才能把握住当下的时光，让每一个瞬间都变得精彩。在张爱玲著名小说《半生缘》中有这样凄婉的台词："回不去了，我们都回不去了！"每当看到这里的时候，估计在很多人心头都产生了强烈的共鸣，开始慨叹人生。

人生虽然像写作，但是画出的每一笔都不可能是草稿；人生虽然像演戏，但是每一天都是现场直播。就像有人说的那样，如果将现在的每一天当作生命中最后一天来过，成功就会自然而然地慢慢接近。所以我们说，把握好现在，在当下生活得精彩，这正是一名成功者必备的素质。

有一个小孩，小的时候就表露出了很强的书法天赋。在他很小的时候，父亲让他跟从一位书法家练习写字。在最初的阶段，小孩只在旧纸上反复练习，但是始终没有什么长进。小孩的父亲对书法家有些不满，认为他对自己的孩子没有用心去教。于是书法家说："如果你能多给我一些钱，我很快就能保证你的孩子有进步。"

孩子的父亲将信将疑，但是还是给了书法家一笔钱。果然，没过多久，小孩的书法就有了很大进步。父亲连忙问："是我以前给你的学费太低了吗？"书法家解释说："当初他用旧纸来练习书法的时候，总是感觉在打草稿，心想即使写得再差也无所谓了，大不了换上一张新纸重新写就是了，所以就不能全身心地投入其中。当我把你给的钱全部买来最好的纸张让他写字的时候，他就觉得这个机会很难得，于是就用认真的心态来对待练习，专心致志地考虑每个字的一笔一画应该如何去写。虽然时间不长，但是效果却很明显。”

后来，这个小孩成了一名书法家。在与别人交流经验的时候，他无比遗憾地说：“回想我以前走过的路，很多时候都是在草稿纸上练字的心态，以至于有许多愿望都没有实现。总是觉得来日方长，还会有很多的机会，结果丧失了很多难得的机遇，白白浪费了很多张人生的‘好纸’。”

人生是公平而残酷的，它的公平在于每个人都拥有和他人一样的生命，残酷就在于它是一次单行旅程，永远没有回头的机会。

在一次培训中，培训师问下面学员一个问题：“什么事情最重要?”讲台下的回答五花八门，有人说是升官、挣钱、买房、买车，也有人说是旅行、思考、婚礼，等等。最后讲师微笑着说：“你们所说的这些事情都很重要，但不是最重要的。最重要的事情就是你现在应该做的事情，最重要的人应该是现在和你一起做事的人，而最重要的时间就是现在，因为这是唯一能把握住的。”

一些人总是把目光盯在明天、下个月、明年，甚至更远的时间，结果就是将大部分的时间和气力浪费在了未知的事情上，对眼前发生的事情却视若无睹，所以很难得到最后的成功。人生需要顺势而为，这其实就是说每个人的人生都无法回头，做自己想做的往往能够取得意想不到的成功。

小李是个很爱美的女孩子，从儿时开始就经常偷偷给自己化妆。大学毕业之后，经不住家人的劝说，她走上了当老师的道路，在一所学校教书。然而，因为太爱打扮自己，还没等到从实习老师转为正式教师，她就因为打扮得太过出众被主任叫去谈话。数次之后，一气之下的小李干脆辞了职，跑去南方的一所民营学校学习化妆。因为这件事情，她还和家人闹了不小的矛盾。然而，两年过去了，小李成了顶尖的化妆师，每个月都拿着不菲的收入，就连她的家人也改变了看法，对她刮目相看了。

小李的成功并不是一个偶然现象。她之所以会放弃待遇稳定的教师工作，投身到完全陌生的行业里，这不仅仅只是“勇气可嘉”这个词可以形容的。清楚自己的长处，了解它，善用它，并将其变为一种财富，这才是小李成功的秘诀。

我们完全不否认不停地努力可以获得巨大的成功，但懂得经营自己的长处，就好比熟练的庖厨，知道用什么样的材料，搭配什么样的主食，知道用什么地方的肉片来做成鲜美的肉汤。而只懂得埋头苦干的人，同样也能将菜做熟，但与前者做出的味道相比，大概是无法相提并论的。

其中的深刻道理，我们要慢慢去体会。

06. 不确定的世界，试着顺其自然

当人生出现意外的时候，有些人脑子里好像缠了一团毛线，越想越乱，越乱越想，最后掉进了自己挖的陷阱里面。显然，这种人是愚笨的。

聪明的人懂得妥协，会选择顺其自然。因为他们知道尊重自然规律，活在当下。这样，他们不仅活得轻松豁达，而且还会获得意外的惊喜。正是由于他们这种顺其自然的处世哲学，常常会在“山重水复疑无路”之际，眼前突然一亮，然后“柳暗花明又一村”。正因为他们有着一个乐观的心态，面对那些不曾期待的美好时，才会显得从容不迫，进而把握住眼前这美好的事物。

在山间有一所寺庙，住着一个老和尚和一个小和尚。一个初秋的早上，师徒二人在院子里散步。走着走着，他们看见了一块草地。草地上长满了绿油油的草，一片生机盎然。可是就在草地的中间，却出现了一大块枯黄的景象。小和尚看到后，赶忙对师父说：“师父，快在这里撒些草籽吧！要不这草地太不好看了。”

师父说：“不要着急。随时!”小和尚听后，有点不解。

到了中秋节那天，师父拿出一包草籽，对小和尚说：“现在把这包草籽撒在地上去吧。”小和尚接过草籽，迫不及待地来到寺庙院子里面的那块草地上。可是刚刚把草籽撒下，就吹来了一阵风，把撒在地上的草籽给吹走了不少。小和尚看到后，赶忙跑回去同师父说：“师父，大事不好了，草籽都叫

风给吹走了!”

师父笑着说：“不要担心，被风吹走的草籽都是瘪的，即使撒下去了也不会发芽的。随性!”

当种子撒下后，小和尚每天都来看它们。有一天他看见有几只小鸟正在吃种子，于是他赶紧把小鸟给赶走，并惊慌地跑到师父面前：“师父，种下的种子都被小鸟吃了!”师父说：“不要着急，小鸟是吃不完的，那里一定会长出小草的。随遇!”

过了一个多星期，小和尚果然看到了嫩绿的草芽，一片生机。

师父对小和尚说了三句话，即“随时”、“随性”和“随遇”。这三句话告诉我们：凡事要顺其自然。换句话说，不要总去强求那些不属于自己的东西，如果一味地去强求，只会让我们步履维艰。做人有时候要懂得妥协，学会顺其自然，这样才能在做事的时候得心应手，一路通畅。

事实上，生命中有很多东西是不能强求的，那些刻意去强求的东西，有可能我们终生都不会得到。相信大家都非常熟悉《揠苗助长》的故事，里面的那个宋国人，因为违背了自然规律，擅自把禾苗给拔高，不仅没有帮助禾苗的生长，反而把禾苗都害死了，几千年来受到了世人的嘲笑。

既然如此，我们又何必去百般思量呢？不如超脱自由一点，顺其自然！

迪士尼乐园马上就要完工了，可设计师们正在为园中道路的设计而大伤脑筋。在所有征集来的设计方案里面，没有一个是尽如人意的。总经理迈克尔先生得知这个情况后，叫人把所有的空地都铺上草坪。就这样，乐园在没有道路的情况下开始营业了。过了一段时间后，迈克尔先生从国外考察回来，准备看一看刚刚建成的迪士尼乐园。

他走到乐园时发现，原本铺满了草坪的地面上，出现了几条蜿蜒曲折的小径，而这几条小径和周围游乐的景点非常巧妙地结合在了一起，这让他感到非常高兴，于是赶忙找来负责道路铺设工作的人员，让他们沿着这几条小径铺道。如此一来，他们不但解决了设计方案问题，还得到了游客的赞赏。

顺其自然，绝对不是消极地等待，不是被动地面对生活，也不是那种自视清高的消极避世，而是能够洞悉人生的一种大智慧。拥有了它，你会发现自己与外在的世界慢慢地融合了、和谐了，不再有矛盾，不再有冲突，处处充满着意外的惊喜。

总有起风的清晨，总有暖和的午后，总有绚烂的黄昏，总有流星的夜晚，即便你我不喜欢，地球也照样转。既然如此，何不保持顺其自然的心境，用心去把握每一个瞬间。如此我们会发现，紧绷的心弦得到放松了，生活节奏不再紧张兮兮，一切都慢了、静了，人生尽在把握中。

07. 静看流逝的岁月，遇见成功的自己

有人喜欢用热闹来替代岁月流逝所带来的伤痛，有人却如入定的禅僧那样静看流逝的岁月。时间如水，当看着大把的时间从眼前一点点地溜走，最宝贵的就是沉在水底的金沙。时间从数量上说对每个人都是公平的，但是在质量上却要依靠着个人的修为。

如果将人生比作一场比赛，那最恰当的运动当属长跑。很多人都说希望可以赢在起跑线上，但是长跑运动最后的胜利者很少是起跑领先的人，而是那些在路途中静心观察，保留体力，最终在关键时刻奠定胜利基石的人。如果急功近利很可能让自己丧失一份冷静，在忙碌与浮躁中荒废宝贵的岁月。

日本历史上有一名一流的剑客，他的名字叫宫本武藏。当时，一个很有剑道资质的年轻人又寿郎拜宫本武藏为师。在学艺的时候，又寿郎问自己的师父："师父，按照我现在的资质，要练多久才能成为一名像你一样技艺高超的剑客呢？"

宫本武藏回答道："最少也要十年吧！"

又寿郎感到这个时间有点太长了，接着说："十年有点太久了，假如我加倍地苦练，那需要多久才能达到那个目标呢？"

宫本武藏回答说："那就要大概20年了。"

又寿郎感到有些不解，又问："假如我晚上不睡觉，夜以继日地苦练呢？"

宫本武藏这回认真严肃地说："那你将必死无疑，这样根本不可能成为一名一流的剑客。"

又寿郎十分惊讶，连忙问师父这是为什么。

宫本武藏回答说："要想成为一流剑客，有一个非常重要的先决条件，那就是必须永远保留一只眼睛注视着自己，不断反省自己。如果你的眼睛只是盯着剑客的招式，哪里还有眼睛注视着自己呢？"

又寿郎听了以后，幡然悔悟，于是按照正常的练剑节奏，终成一代剑客。

人生的追求很大程度上不仅要练剑，更要练心。事物的成长要遵循一定的自然规律，而人生的成功也需要时间的积淀。静静流淌的岁月中，不知道有多少人愿意脚踏实地，戒骄戒躁，一点点地积累，最终获得幸福。

时间是宝贵的，通往成功的道路只有两条，那就是力量和坚韧。

众所周知，金盏花很少有白色的。美国一个园艺所贴出征求纯白金盏花的启事，高额的奖金让许多人趋之若鹜。但是，20年过去了，因为培植的难度，没有一个人培植出白色的金盏花。一天，园艺所意外地收到一封热情的应征信和一粒纯白金盏花的种子。寄种子的是一位年逾古稀的老妇人，她只是一个地地道道的爱花人。20年前，当她看到启事的时候便怦然心动，于是，她撒下了一些最普通的种子，精心侍弄。

一年之后，金盏花开了，她从那些金色的、棕色的花中挑选了一朵颜色最淡的，任其自然枯萎，以取得最好的种子。

次年，她又把它们种下去，然后，再从这些花中挑选出颜色更淡的花的种子栽种。日复一日，年复一年，春种秋收，周而复始，老人的丈夫去世了，儿女远走了，生活中发生了很多的事，但唯有种出白色金盏花的愿望在她的心中根深蒂固。

终于在20年后的一天，她在那片花园中看到一朵金盏花，它不是近乎白色，也并非类似白色，而是如银如雪的白。于是，一个连专家都解决不了的问题，在一个不懂遗传学的老人长期的努力下，最终迎刃而解。

很多人也都用种子实验过，也有很多人都曾经为了培育白色的金盏花而努力过，但是他们缺乏一种成功最重要的品质，那就是坚持，在岁月中百折不挠地坚持。坚持是一种区分众人的重要品质，体现了一种矢志不渝的追求。

即便是一粒最普通的种子，只要持续用心去呵护，它也会给我们回报出奇迹。

愚公锄镐移山，终得天帝相助；达摩静坐参禅，石壁为之感化。这样的效果，虽是不可企求的，但毕竟是坚持者才会得到的礼遇。

持之以恒是一件不容易的事情，如同常人能够弯腰一样，为了实现某一项预定的目标，人们往往容易心浮气躁、火烧火燎，这实际只不过是一种轻浮和慌张而已。滴水不求朝夕之效，故能坚持到穿石的日子。它拒绝急功近利，所以能勾起人们长久的怀念，能永远地发挥作用。

第四章

以一滴水的平静，
面对不算顺遂的人生

人生虽然有时满目疮痍、遍地萧瑟，却终究仍值得珍重。
优秀人士往往必备良好的心态，
即凡事能积极地、乐观地面对，用最轻松的心态，
最平和的心境，去做一切对解决问题有帮助的事情。
静，方能理性地看待世事，方能平和地看待自己，
方不会因生活的一时波澜，乱了方寸，偏了轨道！
以一滴水的平静，守好自己的心态，以不变应万变，
人生往往“山重水复疑无路，柳暗花明又一村”。

01. 在心平气和中慢慢积攒力量

如今，很多人的身上仿佛都背着一个炸药桶，一不留神就会引爆。有人将这归结于生活节奏的加快和人们身上背负的压力增大。事实上，缺乏一种平心静气的态度是造成这一现象的重要原因。

有经验的船工知道，看似平静的水面往往需要格外小心，因为在下面蕴藏着巨大的力量；而那些看起来波浪翻滚的水面其实是最安全的，这就是平静所产生的力量。一个人也一样，想要成就一番大事业，就要学着放弃化解心中的怒气，在心平气和中慢慢积攒力量，这点必不可少。

有一个年轻人，在他每次生气和别人起争执的时候，他就会以很快的速度跑回家去，绕着自己的房子和土地跑上三圈。这样一来，他与其他人争执的次数越来越少。后来，这个年轻人逐渐变得十分富有，自家的房子和土地也变得越来越大。但是，他始终有一个习惯，那就是只要与人争执生气，他还是会绕着自己的房子和土地跑上三圈，不会与人生气。

许多年过去了，当初能够绕着房子和土地跑三圈的人已经不再年轻。当他心情不好或者与人争执的时候，他还是一如既往绕着房子和土地走完三圈。他的孙子在他的身边问他："爷爷，你都这么大年纪了，附近已经没有人房子比你的大、土地比你的多了，为什么你还要这样做呢?"

当初生龙活虎的年轻人现在已经白发苍苍，他笑着对孙子说出了隐藏在心中多年的秘密："当我年轻的时候，每次我生气、郁闷，就绕着房、地跑三圈。我就一边跑一边想，现在我的房子这么小，土地也这么少，我哪有时间、哪有资格去跟人家生气呢？一想到这里，气就消了，我就把自己所有的精力都用在了工作上。然而到现在，当我心情不好的时候，我依然一边走一边想，我的房子这么大，土地这么多，我又何必跟人计较？这样，我的心又平静下来。我认为浪费时间去沮丧是完全徒劳的，所以每一天都过得很快乐。"

这就是生活中的智慧，用平静来取代争执，选用合适的调节方式让自己安静后会产生意想不到的能量。执着于争执，在很大程度上就限定了自己的思维空间。在争执中失败，会加重自己的沮丧情绪，让人产生挫败的感觉；而即便是与人争执成功，也会浪费大量的时间和精力，最终得不偿失。

能够控制并调节自己情绪的人才不会被自己的情绪所左右，这样的人能平静地生活在世上，获得解决问题的能力。

一位著名演讲家被邀请到一所大学去担任大学生演讲比赛的评委。所有的参赛选手在经过抽签确定了演讲顺序和演讲主题后，第一位选手表情很不满地走向了讲台。当观众和评委正准备听他演讲的时候，他走上讲台说："同学们，尊敬的评委，这是一场不公平的比赛！我领到这张纸以后，只有几分钟的准备时间，而在我后面的人则有更为充裕的时间准备，这是不公平的！"

这位选手说完便走下了讲台。但是他的离开并没有影响到这次比赛的顺利进行。在这场比赛中，有人获得了荣誉，有人锻炼了自己。

比赛结束后，演讲家找到那个因为生气而拒绝比赛的男孩，对他说："你不要因为觉得不公平而生气争执，你想过没有，第一个演讲往往最能吸引评委的注意，而预留的时间少则是锻炼自己思维和语言组织能力的绝好机会。”

听了演讲家的话，男孩羞愧地低下了头，他意识到了自己的冲动与无知。

在生活中，总会出现一些不如意的状况，这些情况有时候会让我们抓狂，会让人愤怒，也会让人很自然地与他人进行争执。但是争执又有什么用呢？如果自己只是一块平淡无奇的生铁，抱怨、争执都是徒劳，因为自己的价值还没有被认可。当把自己淬炼成精钢以后，估计也不会再争执了。

02. 停！情绪不能“滚雪球”

过简单的生活是现今非常流行的一种生活方式，而这种潮流产生的根源就是对于麻烦事的恐惧和厌烦。一个人的精力和时间都是有限的，在遇到麻烦事的时候，首先要保证的就是学会不让自己的坏情绪影响自己。

人生不如意之事十之八九，如果对每一次的麻烦或者不顺心都耿耿于怀，那这些麻烦事将会对个人的情绪造成十分严重的影响。因为心态一旦起了变化，就会引起连锁反应，就像“滚雪球”一样越滚越大，这是十分可怕的。

1965年9月7日，世界台球冠军争夺赛在美国纽约举行。刘易斯·福克斯以绝对优势将其他选手甩到身后，已经胜利在望了，只要再打几分他便可以稳拿冠军。可是，就在这时，突然出现了一个小状况—— 一只苍蝇落在刘易斯的主球上。

刘易斯赶忙挥手将苍蝇赶走，可是当他再次俯身准备击球时，那只苍蝇又落到了主球上，这个时候刘易斯的情绪发生了一些变化，他开始变得苦闷、恼火，又一次起身驱赶苍蝇。

然而，那只苍蝇仿佛是有意与刘易斯作对，只要他一回到球台准备击球，它就会重新落到主球上来，这使得现场的观众哈哈大笑。而刘易斯的情绪恶劣到了极点，他突然用球杆去击打苍蝇。结果球杆触动了主球，裁判判他击球，他也因此失去了一轮机会。之后，刘易斯一下子方寸大乱，连连失利，最终输掉了比赛。

一名所向无敌的世界冠军居然被一只小小的苍蝇打败了！多么不可思议。

很多人都希望能够管理好自己的情绪，但是事实上，最好的方法不是等坏情绪来了才去排解，而是调整自己看待事物的态度，从根源上杜绝坏情绪的产生。

在科学史上，有这样一个故事。

德国著名的化学家弗因德里在某一天因为头痛难忍而一整天的情绪都很坏。此时，他在书桌上看到了一位青年寄来的一篇论文，希望能够得到他的指导。初次拿来看的时候，弗因德里觉得文中完全是些奇谈怪论，顺手就把这篇论文丢进了纸篓。没过几天，他的头痛好了，心情也大好，而他想起那篇论文中的言论又有点意思，于是连忙把那篇论文捡出来重新读了一遍。在细读之后，他发现这篇论文有很大的科学价值。于是，他马上写了一封信，将这篇论文推荐给了一家很有名的学术刊物。这篇论文一经发表，在学术界引起了很大的轰动。这篇论文的作者也因此进入了一流的研究机构，最后成了一名诺贝尔奖的获得者。

后来，弗因德里笑谈说，他差点因为一时的坏脾气而影响了学术的发展进程。当然，即便是没有弗因德里的推荐，这篇优秀的论文迟早也会被发现。只不过如果没有坏情绪的影响，这一切会来得更加自然。

当一个人因为很小的麻烦事而产生坏情绪的时候，这种情绪是可以传染的，这样就非常容易陷入恶性循环之中。

韩琦是北宋时期的三朝名相，他之所以能够得到历代皇帝的信任，除了自身具有的安邦治国的本领之外，当然还少不了他独特的人格魅力。这种人格魅力的来源就是他对情绪的控制力。

韩琦的家里珍藏着两只用美玉制成的杯子，这两只杯子做工精巧，价值连城。他十分喜欢这两只杯子，平时都放置在特定的盒子里珍藏着，只有闲暇的时候才会拿出来细细观赏。

一天，一位好朋友到韩琦家里玩，希望能够欣赏玉杯。韩琦让仆人把玉杯小心翼翼地放在铺着绸缎的桌子上，朋友也对这两只玉杯赞不绝口。就在这时，发生了一件谁也不愿意看到的意外，仆人在端茶水的时候不小心扯到了绸缎，两只玉杯掉在地上被摔得粉碎。看到仆人跪在地下捧着玉杯的碎片泪如雨下，韩琦笑着对朋友说："凡是物品都有毁坏的时候，只可惜后世的人欣赏不到如此精美的玉杯了。"说罢，韩琦扶起仆人说："杯子碎了就碎了，你也不是有意为之，下去吧。"

这个故事有很多种解读方式，大多数人的理解无外乎从宽容和豁达的角度出发。但是，如果深挖的话，这其实就是在遇到麻烦事时的处理方式。在悲剧已经无可避免的情况下，尽量不要让坏情绪对你的生活产生影响。

当麻烦事接踵而至的时候，勇敢去面对一切未知的结果。不要轻易地去诅咒抱怨，因为当你咒骂的时候，其实就已经将坏情绪带到了自己的心境之中。学着管理或战胜你的坏情绪，不要因为麻烦事而愤怒。控制自己的情绪，一开始会有些难办，但一直保持下去，相信一切慢慢会好起来。

03. 有些事，请别用眼睛看，而是用心

有这样一个故事：在一个马场里，有一匹谁也无法驯服的烈马。这匹马的暴烈让所有的骑手都望而却步。只要有人骑到它的身上，这匹马就会狂奔不止，一直将骑手摔倒在地才肯罢休。即便在平时，谁要走近它一步，它也会前蹄腾空，发出巨大的嘶鸣声。所有的骑手都一致认为，这是一匹性格暴烈、无法被驯服的马。

但是没过多久，一个外地来的驯马人就很轻易地驯服了这匹马。其他的人都很惊奇，问及原因。这位外地的驯马人说："这匹马很胆小呀。我看见这匹马因为马棚里的一只老鼠就四处乱跑，它时时都处于一种紧张但无力自拔的恐惧之中。我慢慢喂给它豆子，给它梳理毛发。于是在你们看起来很烈的一匹马变成了天下最温和、最老实和最胆小的马。"

有时候觉得生活在跟我们开玩笑，从最烈的马到最温顺的马，造成这种反差的原因就是因为人们的偏见。偏见的形成有很多种原因，或许是因为经历过一些事情，或许是亲朋好友之间的口耳相传。但是，有一点不可否认，那就是心存偏见会让人显得浅薄。

古人形容偏见有一句成语，叫作“一叶障目，不见泰山”。事实上，偏见就是这类人共有的标签。偏见不是不见，而是有选择性地见。这种见，往往是根据自己的需求而定，是一种主观武断、我行我素的臆想。

举个非常简单的例子，在篮球赛场上，绝杀是最激动人心的时刻。一场比赛中，执行最后一次投篮的人往往会饱受争议：喜欢他的人可能会说这是一种责任和担当，而不喜欢的人则会认定他打球太独，在最后一刻应该选择将球传给位置更好的队友。

人世间的事情就是这样奇妙，人们按照各自的需求来重新架构这个世界。当双方观点不同时，总会出现双方嘴皮官司不断的情形。其实，这是完全没有必要的。在很大程度上，人们认知这个世界的方式就像是盲人摸象，当为大象是像柱子还是像墙而争论不休的时候，还不如好好地想一想，不要让偏见和浅薄充斥着我们的大脑。

眼睛有时候并不能带给我们真相，甚至很多时候还会选择性地欺骗我们。有人说盲人固然不幸，但是从另外一个角度看，他们也是幸福的。因为他们不是用眼而是用心来看待这个世界。用眼来观察世界的时候，多半是不全的，浅薄的，而用心来感受这个世界的时候，这样的世界才是完整的。

要想走出偏见的误区，让自己变成理智的思考者，就得学会在纷繁的世界中保持一颗理智的心，能够通过表象看到问题背后的实质，无论是待人还是接物，穿越偏见和浅薄，用心去看待，做到公平公道、不偏不倚，而不能以偏概全，固执己见，意气用事，一竿子打翻一船人。

这种方式是一个人慢慢成长的过程，也是所有成功者不断积累自己的方式。

04. 许多事情，看得开是好

生活中，我们常常会遇到这样一类人，他们有着极为发达的计算能力。他们知道哪家超市的东西便宜，知道哪家餐厅给的菜量足。我们对这一类的人有一个统一的称呼“会过日子的人”。按理说，这样的人应该生活得比较自在和如意。事实上，生活中的这一类人生活得并不幸福，也很少有成大事者。究其原因，是因为他们将自己的生活想得太过复杂和斤斤计较。

当一个人习惯性算计或者说习惯性想太多的时候，生活就会变得异常沉重。而恰恰是那些做事不计较、有所为有所不为的人通常会生活得比较快乐和富足。人人都希望自己能够在生活中收放自如，但这需要智慧才能够实现。

苏格拉底曾被誉为世界上最聪明的人之一，在他的生活中处处体现出了简单的生活智慧。在他还是单身时，他和几个朋友一起挤在狭小的屋子里，夜晚睡觉的时候连转个身都非常困难。但是苏格拉底总是很开心。被人问及原因，他说朋友们在一起可以随时交换思想，交流感情，是一件很快乐的事情。后来，他的朋友们都先后成了家，搬离那个小屋子，只剩下苏格拉底一个人了。但是，苏格拉底每天还是十分快乐。大家又不明白了，他一个人孤孤单单的还有什么可快乐的。可他却说："朋友们都走了，我就可以安静地看书了。一本书就是一个老师，这样每天都能向它们请教，难道不是一件很让人快乐的事情吗？"

几年以后，苏格拉底也成了家。当时他住在一个小楼的最底层，应该是属于最差的地方了，不仅安全得不到保障，卫生状况也很是让人担心。但是，苏格拉底依然觉得开心，坚持认为住在一楼有诸多的好处，比如进门就是家，不用爬楼梯，搬东西比较方便，等等。一年以后，因为住在顶楼的一个人腿脚出了一点问题，苏格拉底就和他调换了位置，住到了楼房的最高层。同样，他依旧觉得很开心，按照苏格拉底的解释：爬楼梯可以锻炼身体，住在高层光线好，没有他人打扰的情况下还可以很安静地看书、写文章等。

后来苏格拉底成为了大学问家，一个人向他的得意门生柏拉图询问如何才能获得快乐，柏拉图回答说："决定一个人心情的，不在于环境，而在于心境。"快乐不是因为拥有得多，而是因为计较得少。因为一旦计较得过多，总会遇到不如意的情况，而这样就很容易心生怨气，很容易分心，导致最后无法专注于一件事情之上。

小娟是一位都市白领，不但学历高、收入高，人也长得非常漂亮。在别人的眼中，她的一切都是那样完美，那么让人羡慕。

每天上班的时候，她都会用不同的着装风格来打扮自己。在众多的赞扬声中，她总是认为自己不够完美，而虚荣心却越发地膨胀。为了让自己看起来更加光彩夺目，她开始购置名牌皮包、高档化妆品……甚至因为有人说她鼻子不够完美的时候去做整形手术。周围的赞扬越来越多，但是她却一天比一天不快乐。

在和朋友的聊天中，她也知道自己生活得很累。别人关注的只是她光鲜的外表，从来不会在意她疲惫的内心。她曾经试图让自己的生活变得简单一些，但是她又实在无法舍弃别人的赞誉。

由于内心的负担过重，原本很漂亮的她慢慢变得憔悴了很多，她的生活也逐渐失去了乐趣，时常唉声叹气，甚至有些悲观厌世了……

小娟的生活原本可以过得很简单、很快乐，但是由于她把自己的生活折腾得复杂无比，最终动气伤身。太多的想法由于心头的一座火山，在累积到一定程度后就很可能伤人伤己。不要想那么多，让自己的生活变得简单，这样才能体会到生活的真谛。

一个渴望成功的人一定懂得将事情变得简单、不要计较太多的道理。美国作家梭罗曾说过："我们的生命都在芝麻绿豆般的小事中虚度，如果没有值得努力的目标，一生也就这样匆匆过去了……"

生活中确实有很多小事让人感到苦恼和无奈。一个人抓住这些小事紧紧不放的话，那么就在无形中夸大了小事的重要性，同时加重了自己内心的负担。人生其实很简单，不要再因计较而生气。许多事情，看得开是好；看不开，终归也要熬过去。当你把这些事都熬过去时，你也就终获成长。

05. 经受住错误的“煎熬”

生而为人，我们总是希望把任何一件事情都做得完美无瑕，会因怀疑自己做得不够好而惊慌失措，担心爱我们的人会因此对我们感到失望；不允许自己犯错误，惴惴不安，一旦犯了错，又会不断地责怪自己……结果，时常感到失望和沮丧，在精神上、肉体上都经受着极大的折磨。

其实大可不必这样，因为人生在世，谁能不犯点错。

世界上没有十全十美的人，也没有十全十美的事，不犯错的人生真的存在吗？退一步说，或许不犯错是一条非常保险的成长之路，但是不可否认，这条路上挤满了大量没有创造力的中庸之人，毫无乐趣和创造力。既然如此，何必呢！

我们可以接近完美，但不可能达到完美。这种判断，在我们头脑中必须牢固确立。允许自己犯一些错误，设立的目标实际一点。你会发现，自己更有信心，而且更有能力和创造力，如此也就很少感到失意。

世界顶尖高尔夫球手博比·琼斯是唯一一个赢得高尔夫“年度大满贯”（包括美国公开赛、美国业余赛、英国公开赛及英国业余赛）的人，他被称为是美国高尔夫史上最优秀的业余选手。

在高尔夫球员生涯的早期，博比·琼斯总是力求每一次挥杆完美无缺。当他做不到时，他就会打断球杆、破口大骂，甚至愤慨地离开球场。这种脾气使得很多球员不愿意和他一起打球，而他的球技也没有得到多少提高。

直到后来，博比·琼斯渐渐明白，一旦打坏了一杆，这一杆就算完了，但是你必须尽力去打好下一杆。静下心来，调适心态后，他才真正开始赢球。对此，他这样解释说："要对每一杆有合理的期望，而不是冀望非常完美的挥杆成就，你会发现自己的表现良好、稳定，如此也就更容易取胜。"

不完美是人生的一部分，这个世界没有任何人可以拍着胸膛说自己没有犯过错。犯了错不要紧，要敢于承认错误、面对错误。敢于放下心理上的"包袱"，人生才能快乐前行，轻松创造未来。这是一个不争的事实，我们越早接受这一事实，就能经受住错误的"煎熬"，越早地向新目标迈进。

晋朝有位大将，名叫周处，因幼年丧父，年少时便十分张扬轻狂，纵肆乡里。

在乡里，他恶名昭著，人人避之唯恐不及。一日，周处见乡里百姓个个面容凄苦，便问乡里长辈所谓何事？长辈叹说："乡里有三害，经常糟蹋百姓，你说我们能不苦吗？"

周处一听有三害，豪气顿生，连忙追问是哪三害。长辈冷笑一声："一是南山额大虎，二是长桥水蛟龙，三是作恶多端、欺负百姓的恶人。"

周处哪里知道，长辈说的恶人就是他。做人做到与猛兽齐名，也是旷古未有。周处便自告奋勇要去铲除三害，他先是入山杀了猛虎，后又下河斩杀了蛟龙。斩杀蛟龙时，乡里一连三天没有他的消息。百姓们都以为周处已死，便互相庆贺。周处回来后，得知乡里百姓正在为他已死高兴，遂明白了长辈所说的恶人指的就是自己。

做人落得如此地步，周处哪还有脸回乡。他便四处拜访名士，下定决心好好学习。他找到陆机、陆云两兄弟，以实情相告，哭诉着自己一定会痛改前非，表达出改正错误的诚意，但又怕自己年岁已大，学不出成就。

陆云就鼓励他："子曰，朝闻道，夕死足矣，你年纪轻轻，现在立个志向，以后何愁没有前途!"

周处立定志向，勤奋好学，一年后，就担任东观令、无难督。吴亡后，周处又被晋朝封为仕官。为人刚正不阿、不畏权贵的他最终得罪奸臣，被派往西北讨伐氐羌叛乱，最后战死沙场，不过也成就了其一世英名。

无独有偶，与之类似的还有一个故事。

明朝时，一位年过半百的财主喜得贵子，名唤天宝。因家大业大，天宝从小不愁生活钱财，渐大后变得游手好闲，到处结交狐朋狗友。

财主怕天宝这样下去，会败光家业，就请了秀才教他读书、明事理。在先生的教授下，天宝似乎有些长进。可好景不长，财主与老婆不幸得病去世，天宝从此便无人再管。

这时，天宝以前那帮酒肉朋友又找上门来。天宝抵挡不住诱惑，故态复萌，整日花天酒地。也就两年有余，千万家财便被其一败而尽。

直到天宝饿得上街要饭，他才悔不当初。严冬的一天，天宝借书归来的路上，因一天未吃饭，两眼饿得直冒金星，一不留神，一跤摔倒，半天也没有爬起来。

恰巧此时，王员外路过，见冻僵的天宝手上还攥有一本书，怜爱之心生起，便让家人救醒天宝。之后，王员外让天宝教授自己女儿读书，谁知天宝生性难改，见王员外女儿腊梅长得如花似玉，便有心调戏她。

后来，王员外编了个理由，交给天宝 20 两银子和一封信，嘱咐天宝到苏州找他表兄。

天宝到了苏州，左找也找不到王员外表兄，右找也找不到信封上孔桥所在何处。眼看 20 两银子快要花光，天宝开信一瞧，但见信上写有四句话："当年路旁一冻丐，今日竟敢戏腊梅。一孔桥边无表兄，花尽银钱不用回！"

天宝看完信，羞愤难当，本想一死了之，又转念一想：王员外非但救了自己的命，还保了自己的名声，又给了自己 20 两银子。自己这样一死了之，如何对得起王员外！

于是，天宝重振精神，白天帮人家打杂挣钱，晚上挑灯苦读。

最后，朝廷开科招考，天宝进京应试，一举中得举人。于是，他连夜赶路，回去向王员外请罪。

他在王员外给自己的那封信末，添了四句："三年表兄未找成，恩人堂前还白银。浪子回头金不换，衣锦还乡做贤人。"

相信，通过这两个故事，很多人都可以得出结论：犯错并不能代表什么，每个人都是在犯错误、认识错误、改正错误、不再犯相同错误的过程中慢慢成长起来的，每一条通往成功的道路上都是不断修正错误的过程。只有勇于从错误中找出教训，汲取经验，才是最终走向成功的良方。

成功的前提就是承认失败，也就是承认错误的存在。

所以，面对错误我们无须失意，努力做到同样的错误不犯第二次，循序渐进地去摘取成功的桂冠吧。

06. 我的心，不后悔

在我们的周围，充斥着许多悔恨的声音。这些声音就像是一剂剂的慢性毒药，逐渐消磨人的意志，让人沉溺在后悔之中无法自拔。

在很多时候，做事之前，我们可能设想过这样做会有一定的风险，但是在实施的那一刻我们依然心存侥幸。在结识一个人之前，也许会有人提醒这人可能有问题，但是我们依然相信自己的直觉……如果成功，那将有众多的理由，而一旦失败，悔不当初的情绪就会油然而生。但是，当初既然做出了选择，那就要有勇气来承担未知的结果。无论这个结果是好还是坏，都应该用一种坦然的心态去接受。

有个人做事情的特点就是雷厉风行、风风火火。他是个生意人，在他的人生哲学里，就没有“后悔”两个字。他一次结识错了一个朋友，被骗走了一笔钱。有人问他是否后悔，他回答说：“有什么好后悔的，一笔钱看清了一个人，这也值得了。”还有一次，他错判了一次行市，让他蒙受了巨大的损失。有人问他是否后悔，他的回答依然是：“这有什么好后悔的，就当是花钱买教训了。”慢慢地，他的朋友圈越来越广，生意也越做越大。

选择一种不后悔的心态来待人接物是一种极为冷静的心态，这种冷静所反映出来的就是对待成功的一种态度。成大事的人必须要具备一种一往无前的魄力，而在这其中容不得半点的后悔。

在人们的生活经验中，往往有这样一种现象：越是难以得到的东西，在人们心目中的地位也就越高；越是已经无法挽回的东西，人们在心中给它的期望值越大。在很大程度上，人们是依靠着各种各样的欲望和追求走到了今天，如果每一样欲望都能够得到完全的满足，那人类也不是如今现在的样子。正是有了种种的遗憾，才会让人产生敬畏之心，才能够产生秩序和规则。

一个年轻人离开故土，决心开辟一条属于自己的路。少小离家，心中难免有几分惶恐。他动身前要办的一件事情就是去拜访本族的族长，请求族长给自己一些忠告。

老族长听说本族有位后辈即将踏上人生的旅途，就随手写了三个字“不要怕”，然后抬起头，望着前来请教的年轻人说：“孩子，人生的忠告只有六个字，今天先告诉你三个，供你半生受用。”

20年后，这个从前的年轻人已到中年，他在异乡奋斗有了一些成就，也多了很多伤心事。归途漫漫，近乡情怯，他又去拜访族长。到了族长家，他才知道老人家几年前就已去世。家人拿出一个密封的封套对他说：“这是老先生生前留给你的，他说有一天你会再来。”还乡的游子这才想起，20年前他在这里听到人生的一半忠告。拆开封套，眼前赫然又是三个大字：“不要悔。”

花开一季，人活一世，谁都希望自己的人生是了无遗憾的，谁都希望自己所做的事情永远正确，但是在生活中有太多的幻想都败在残酷的现实里。人非圣贤，做错事是再正常不过的。在走过弯路之后，很多人都觉得悔不当初。能够后悔是一种很正常的自我反省，但是，如果我们紧紧抱着后悔不放，生活在惭愧和自责里，那很有可能会毁掉我们的一生。

往者不可谏，来者犹可追。用平和的心态来分析自己曾经犯下的错误，然后从错误中汲取教训，随后再将这种错误忘掉，这才是一个成大事者的正确态度。

有一位知名的艺术家非常有才华，拥有众多的仰慕者。一天，一位女子敲他的门，对他说："让我做你的妻子吧，错过我你将再也无法找到比我更爱你的女人了。"艺术家虽然也很中意她，但是仍然拿不定最后的主意，只得回答说："让我考虑考虑！"

发生这件事情以后，这位艺术家绞尽脑汁地反复衡量，将结婚与不结婚的好坏之处分别列下来，最终却悲哀地发现好坏其实是均等的，他依然不知该如何选择……于是，他陷入长期的苦恼之中。

到了最后，艺术家得出一个属于自己的结论："人若在面临抉择而无法取舍的时候，应该选择自己尚未经验过的那一个，不结婚的处境我是清楚的，但结婚后是个怎样的情况我却不知道。正是鉴于这种情形，我该答应那个女人的央求。"于是，艺术家来到女人的家中，问女人的父亲说："你的女儿呢？请你告诉她我考虑清楚了，我决定娶她为妻。"此时女人的父亲冷漠地回答："你来得太晚了，十年前她就已经嫁人了。我女儿现在已经是三个孩子的妈了。"

艺术家听了这个消息后整个人几乎崩溃，他陷入了深深的懊悔中……三年后，艺术家抑郁成疾。临死前，他将自己所有的作品丢入火堆，只剩下一段对人生的注解：如果将人生一分为二，前半段的人生哲学是"选择好"，后半段的人生哲学是"不后悔"。

法国作家蒙田曾经说过这样一句话："如果容许我再过一次人生，我愿意重复我的生活。"这在很多人眼里是一种不可思议的行为，假如人生可以重来，那自己将会有多少种选择呀。事实上，蒙田敢于这样说，是因为他在后面还有一句话："我向来不后悔过去，也不惧怕将来。"

及时忘掉那些让我们感到后悔的事情吧，这个世上有无数的机缘、巧合，我们错过的何止是一次？没有谁能够说自己永远不后悔，但我们可以从现在起开始去掌管每一次属于自己的机缘，只有把握好现在，才不会制造下一次的"后悔"。慢慢地不后悔，我们定会找到更多的快乐和幸福。

07. 感情走丢了，生活还是要继续

如果将成功比作一个硕大无比的甜美果实，失去的东西就是帮你排除了那些不可能。既然如此，不如选择淡忘。

很多人将淡忘理解为遗忘，这其实是一种误解。事情一旦经历过，想要毫无痕迹地抹去，基本上是一种妄想，毕竟人都是有感情的。学会淡忘，是要求人要有正确处理失败的理智心态。在很多时候，淡忘并不意味着若无其事，而是将这种情感当作生命中所经历过的一部分，与本身自然融合。

小李曾经有一个幸福美满的家庭，她的丈夫是他大学时期的恋人，两人在毕业后很自然地组建起了自己的小家庭，一切看着都是那样美好。

然而，一场突如其来的车祸将这一切化为了泡影。小李的丈夫在一场意外交通事故中失去了生命。父母失去了儿子，妻子失去了丈夫。小李一度十分伤心，茶饭不思。虽然人们也有“节哀顺变、人死不能复生”的劝慰之语，但是小李还是无法从悲伤中解脱出来，整日郁郁寡欢。

有一天，小李来到和丈夫曾经约会的公园。看到在公园嬉笑玩闹的孩童，小李不禁悲从心生。一个小女孩看到小李，稚声问道：“阿姨怎么了？是谁欺负你了吗？”小李假装乐观地说：“没有呀，只是把一样东西丢了。”“那赶紧找回来呀。”“找不回来了。”“嗯，那重新买一个吧。”“世上只有一个，买不回了。”小李苦笑着回答。“那……那我把我的这个玩具送给你吧，这样阿姨就不会想那个丢失的东西了。”

接过小女孩的玩具，小李陷入了沉思。她想到的不仅是陌生人对她的关心，还有小女孩对待事物的态度。没有什么是一定属于自己的，就像这手里的玩具，两分钟前还属于那个小女孩，而现在却在她的手里。而她的丈夫在认识她之前，也不属于她。即便是在一起的时候，两个人谁也不是谁的附属物。丈夫意外去世以后，她自己的生活依然要继续，就像当初没有遇见过他一样。

此后的小李就像换了一个人，虽然偶尔脸上还是会有些许的愁苦，但是笑容明显开始变多了。一个充满活力与自信的小李重新出现在人们的面前。当人们问及原因的时候，她微笑着回答：“找不回来的东西就不找了，当一个道理从一个小女孩的口中说出的时候，我相信那绝对是真的。”

“找不回来的东西就不找了”，说得多好的一句话啊。失去丈夫的小李因为选择了淡忘，她开始正视自己现在的生活。试想，如果她不能从悲伤中转变过来，那很可能就会沦为现代社会里的“祥林嫂”。

没有人能永葆青春，也没有人能在美梦中永远不醒。当失去的东西渐渐远走，悲哀叹息又有什么作用。明知不可追而追之，结果只能是徒劳无功。的确，双手能握住的是极其有限的，那些已经丢失的就像已经遗漏的沙子，千万不要想着再去捡起，无论怎样用力地去握，都会慢慢遗漏。

讲道理的时候，人人都是哲学家，而在实际的生活中，真正能够按照道理上做到的又能有几个呢？但事实上，很多看似刻骨铭心的痛，当选择坦然面对的时候，就会发现真的没有那么艰难。

一位德国作家兼心理医生曾经被关在集中营，可想而知那是怎样的一种生活状态。可正是在这样的环境中，他依然做出了很多有意义的研究。后来在一次采访中谈论起往事，他说："人所拥有的任何东西都可以被剥夺，唯独人性最后的自由不能被剥夺，正是这种不可剥夺的精神自由使得生命充满意义且有目的。那一刻我所受的一切苦难，从遥远的科学立场看来，全都变得客观起来，我就用这种方法把自己超越。在困厄的处境中，我把所有的痛苦与煎熬当成前尘往事，并加以观察。这样一来，我自己以及我所受的全部苦难都变成我手上一项有趣的心理学研究题目了。"

假使没有过人的忍耐力和排解能力，相信这个人很难有如此健康的心态生活。这种淡忘不是简单地将失去的东西一笔抹去，而是换个角度重新思考，这种思考使他学会了默默忍耐，越发地接近成功的本质。

人有悲欢离合，月有阴晴圆缺。面对所有已经失去的东西，如果我们总是能够选择一份淡然，以一颗平常心去细细感受，以一颗忍耐心去慢慢体会，往往便可以获得一份优雅美丽的心境，获得自由随性的生活状态。

08. 每一次的挥别都是全新的开始

少小离家，为的是能够看到一个更广阔的世界。只停留在一个单调的圈子内，眼界永远无法得到扩展，也就达不到一个新的高度。选择挥手离别，其实并没有将伤感情绪无限扩大。相反，将挥别看作一次全新的出发，这将给你以后的生活带来新的改变。

自古多情伤离别，别离之痛往往刻骨铭心。人生聚散别离是常态，与其在别离中哀婉叹息，不如大度挥手。海内存知己，天涯若比邻，每一次的挥别其实都是一次全新的开始。

可见，挥别不仅局限于一种情意，还有一种态度。

一个青年一直感觉不到幸福，他听说在遥远的地方有一位大师，能够化解人们心头的疑惑，于是便背着个大包袱，千里迢迢跑来找大师。他说："大师，我一路走过来是那样孤独，路途中充满了无尽的痛苦和寂寞。长期的旅途跋涉使我疲惫到了极点；一路上我的鞋子破了，荆棘割破了双脚；双手也受伤了，曾经不停地流血；嗓子因为长久地呼喊而喑哑……可是我做了这一切，为什么我还不能找到心中的阳光呢？"

大师看到这位青年轻声问道："你的包裹里装的什么？"青年说："这是我目前为止最为重要的东西，在这个包裹里面，装的是我每一次跌倒时的痛苦，还有受伤时的无助以及孤单时的烦恼……正是靠着它们，我才能走到您这儿来。”

于是，大师带着青年来到河边，河水哗哗地流淌着，看起来很深。大师和青年一起砍下一棵树，放在河里，踩着树过了河。上岸后，大师说：“你扛了树赶路吧!”“什么，扛了树赶路?”青年感到惊诧，“这棵树那么沉，我扛得动吗?”“孩子，既然你扛不动它，也不用扛它了。”大师微微一笑，接着说，“否则，它会变成我们的包袱。无论是痛苦还是孤独，乃至寂寞和眼泪这些对人生都是有用的，它们能使生命得到升华，能够让我们感受到生命的美好。但如果时刻不忘，那么它们就成了人生的包袱。有些东西需要放下，一个人的生命无法承担那么重的包袱。”

过去的事情可能很重要，曾经逝去的情也许会值得留恋，但是只有与过去告别才会拥有未来的无限种可能。不要为已经打翻的牛奶哭泣，否则打翻的将不再是牛奶，而是自己的好心情。将自己局限在过去圈子里的人是可悲的，往往会太过沉迷于过去而无法自拔，难以获得成长和进步。

过去的事情往往会形成一个标签，给人一种刻板化的影响。而撕掉过去的标签，能够让自己的观念彻底松绑，能够以全新的眼光来看待问题。没有人可以预测未来，你不一定就是别人说的那样，也不一定会像自己以前一样。不要让过去在自己身上留下痕迹，在每一天迎接新的自己，这是生活的智慧。

挥别过去还有一个好处，那就是自己能够更加清楚地认清自己。在很多时候，看清楚自己所处的位置比单纯地一直向前要有用得多。告别过去，不仅是给自己减压，也是在给自己打气。在一次次的告别中，我们将慢慢由青涩走向成熟，更好地认识自己，朝新的目标更近一步。

09. 不完美，成就了这个世界的美

这是一个讲究生活质量的时代，高质量的生活评判标准除了最基本的物质需求以外，最重要的当属心灵是否富足。而一个富足人生最重要的特征之一就是不抱怨。

身边总能听到这样或那样的抱怨：被领导批评了、工作压力大了、工资低了、物价又上涨了……在生活中，一些人为了逞一时口舌之利，往往大发牢骚。可是，抱怨能解决问题吗？抱怨能使你摆脱现状吗？抱怨只会令你的心情愈加不好，事情愈加糟糕。

有一位年轻的农夫，划着小船从一个村子向另外一个村子的居民运送自己家的农产品。此时的天色已经很晚了，尤其是在夏季里，酷暑难耐，农夫心里十分地急躁，希望早点完成运送任务后回家。正在农夫快速划船的时候，突然发现了另外一只小船正顺河而下，迎面朝自己驶来。这是一条很狭窄的河道，他眼见两只船就要相撞了，但是那只船并没有丝毫避让的意思，似乎是有意想要撞翻农夫的小船。

“让开，快点让开！你这个白痴！”农夫大声地向对面的船吼道，希望对方能够听到自己的声音，“再不让开你就要撞上我了！”但农夫的吼叫好像并没有起到多大作用。尽管农夫手忙脚乱地企图让开水道，但那只船还是重重

地撞上了他的小船。此时的农夫被彻底激怒了，他歇斯底里地向那艘船吼道："你会不会驾船呀，我都为你让开了，你竟然还是撞到了我的船上！"

当农夫再次仔细审视那条小船时，他吃惊地发现，小船上空无一人。这只是一只挣脱了绳索、顺河漂流的空船，而他刚才的大喊大叫、厉声责骂压根儿就没有人听。

习惯抱怨的人不见得不善良，但他们是最不受欢迎的群体。抱怨者认为自己经历的事情是世界上最不公平的事情，内心被不满、不平等情绪占据，只会导致自己的性格、脾气变得古怪、偏激，有时稍微受到外界刺激，便不能容忍。而一个心智如此急躁的人，怎可能理智地对待周围的人和事。

要想自己的生活变得有质量，抱怨的话最好要杜绝，因为没有一件事情是完美的，也没有一个人是完美的，生活本身就是不完美的。

有这样一个小故事，一个男人在年龄很大的时候也没有找到让自己满意的人生伴侣。于是，他来到了一家婚姻介绍所寻求帮助。走进大门以后，他看到了两扇小门，一扇门写着"漂亮的人"，另外一扇门写着"不太漂亮的人"，男人很自然地推开了"漂亮的人"那一扇大门。打开这扇大门以后，他又发现了两扇大门，其中的一扇标注着"优雅"，另外一扇标注着"俗气"，男人又毫不犹豫地推开了"优雅"的那扇门……就这样，那人一路走过去，一路选择的都是美好的品质。当他走到最后，准备找到那个属于自己的完美的伴侣时，门上刻着一行字："对不起，您需要的伴侣太过完美，我们无法提供。"

世上本来就没有十全十美的人和事，一个人之所以伟大，是因为他知道一切都是不完美的，所以没有什么值得抱怨的。当一个人学着不抱怨时，那么再看周围的家人、朋友、社会，就会发现原来一切都是美好的。

事实上，很多时候，我们不需要抱怨，甚至不需要言语，直接用我们的行为去改变一件事。有一句话说得好："如果不喜欢一件事，就改变那件事；如果无法改变，就改变自己的态度。不要抱怨。"当我们把关注的焦点放在如何解决问题上时，好好表达自己的期许，就会发现，问题原本可以得到高效解决。

大学毕业后，毕业于律师专业的李雷没有找到合适的工作，暂且在一家保险公司当了业务员。刚到公司上班，李雷就发现公司里大部分人不敬业，对本职工作不认真，他们不停地抱怨着，抱怨工作难做，抱怨待遇太低，抱怨保险行业不景气，抱怨专业不对口……干活也提不起一点兴趣。

尽管李雷也很认同这些观点，但是他认为："抱怨半天又没有什么用，不也照样得干吗？既然能找到这份工作，就要好好珍惜，力争把它干好吧。"就这样，他没有任何的抱怨，而是一头扎进工作中，踏踏实实地干活。接到老板的任何指派，他都一丝不苟地完成，没有任何的怨言。

但是，保险是一份让人很头痛、很难做的工作，李雷的工作开展起来也很困难，第一个月拿到的只是最基本的底薪。怎么样做才能让人们愿意接受保险业务员呢？为此，李雷在社区里举办了一场场"保险小常识"讲座，免费为社区居民讲解保险方面的常识。渐渐地，社区居民们对保险开始产生了兴趣。

再接下来，李雷的工作就进行得顺利多了，业绩也突飞猛进，还受到了经理的重用、同事们的欢迎。时间一长，李雷居然后来者居上，成了公司里的“顶梁柱”。而那些只会不停抱怨的同事，还是依然业绩平平，虚度着年华。

李雷深知抱怨无济于事，只有通过自己的努力才能够改善处境。他认认真真地从小事做起，踏踏实实地对待工作，没有任何的怨言。也正是因为这样，他才能以客观和冷静的头脑分析当前的情况和原因，然后找到摆脱困境的方法，最终，取得了不俗的业绩，赢得了公司领导的赏识，获得了更多发展的机会。

好了，既然现在大家都已经明白了，抱怨没有任何的用处，而且还会使我们变成愤怒的人，变成无所作为的人，那么，现在我们就要改变自己的行事方式，摒弃那些无意义的、无休止的抱怨，努力去做好自己的事情，凭借自己的力量改变所处的环境。也请大家记住，永远都不要去抱怨。你可以选择自己的言语，创造自己想过的生活。

第五章

受多大委屈
做多大事

当被人误解、指责，甚至毁谤时，

我们难免感到委屈，但过后千万别过多在意，

而是该低头时就低头，该让步时需让步，该忍耐时便忍耐。

这不是懦弱，更不是逃避，而是为了潜心修行自己。

选择一笑置之、超然待之，放弃抱怨和不平，

及时做有价值的事。

当你具备了足够的实力，使生命获得极致和炫彩，

到时也就可扬眉吐气了。

01. 假如一切不辩解，或许简单许多

人人都在说话，目的就是为了能够让别人听到自己的声音。遇到委屈的时候，人们总是习惯性地去辩解，试图去证明自己的清白，但最后却通常是越抹越黑。

费力不讨好有很多方式，其中有一种就是执着于辩解。一个“辩”字的中间是言，也就意味着需要不停地说，而生活的常识告诉我们：言多必失。当一个人只是想着去辩解的话，其实就是犯了执念的错误，最终不仅达不到自己想要的结果，而且还让自己痛苦不堪。既然如此，何必呢！

在当今瞬息变化的社会中，有一种信息叫作谣言。对于这些事情，有些人选择一笑了之，觉得既然是谣言，那就没有必要去做过多的解释，时间久了自然会不攻自破；而有的人就非常在意，把所有的时间全都用来与众人的推测进行搏斗，不但把自己折腾得够呛，而且围观的群众还丝毫没有散去的迹象。鲁迅曾经说过这样一句话：“最高的轻蔑是无言，有时候连眼珠也不转一下。”

事实就是如此，老子说柔弱胜刚强是很有道理的，选择不去辩解，选择忍让不是一种软弱，而是一种强大的力量，这种力量不是通过暴力而是通过感化让人打心底产生佩服。所有成大事的人在性格中都会有一个共同点，那就是沉得住气。如果闻风便是雨，总是将有限的精力浪费到无限的争辩之中，那他还有多少时间来做自己要做的事情呢？

汉代的公孙弘是一代名相，他自幼生活在一个贫困的家庭之中，最后凭借着自己的努力成为了宰相。公孙弘的生活十分俭朴，他每顿饭只有一个荤菜，睡觉的时候也都是盖十分普通的棉被。这件事被同朝的另外一个大臣汲黯知道后就向皇帝参了公孙弘一本。汲黯认为公孙弘已经位列三公，朝廷发给的俸禄已经非常可观了，但是还只盖普通的棉被，生活水准和普通老百姓一样，就是故意这样来获取自己清廉的名声。

于是皇帝就在一次朝会上问公孙弘："汲黯所说的都是事实吗？"

公孙弘听后，非常平静地说道："汲黯所说的都是事实，在满朝的大臣中，他与我关系最好，也是最了解我的人。今天他能够当着大家的面指责我，正中我要害。我位列三公却只盖棉被，自己的生活水准同百姓一样，确实是故意装清廉以沽名钓誉。如果不是汲黯忠心耿耿，陛下怎么能听到对我的这种批评呢？"

汉武帝听了公孙弘的这一番话，并不认为他这种行为是一种沽名钓誉，反而觉得他为人谦让，越发尊重他了。

公孙弘面对汲黯的指责和汉武帝的质疑，并没有选择为自己进行辩解，而是全部予以承认，这其实是一种非常高明和睿智的应对策略。当别人已经向皇帝报告公孙弘沽名钓誉的时候，无论此时的他怎么去辩解，皇帝都会有一种先入为主的感觉，会认为他的解释依然是在沽名钓誉。公孙弘当然深知这样的指责会给他带来什么样的灾难，于是他承认自己是在使诈，这样一来，至少表明自己在皇帝面前没有使诈，也自然容易得到皇帝的好感。

此外，公孙弘还有一点高明之处就是他对于指责他的汲黯大加赞赏，这样就给皇帝和同僚以及对手留下了宽宏大量的印象。如此，公孙弘就用不着去辩解自己是否真的在沽名钓誉了，因为这并不是一种政治野心，对皇帝和同僚都没有任何的伤害。这样一来，公孙弘就从辩解的怪圈中脱离了出来。

以退为进，以不辩解达到辩解的目的，这是一种大智慧，也是想要达到成功的一项重要法则。当别人还在将时间浪费在喋喋不休的辩解中时，有些人却已经悄然离去，踏上了面向成功的征程。

沉得住气，慢慢地学，总会做到的。

02. 做好自己，回应那些误解

有理解就会有误解，在误解产生的初期，可能会有一时的不平，甚至愤怒，但是要始终相信一个信念：做好自己，善待他人。当误解变成理解之后，掌声会从所有人那里响起。

人生在世，想要得到理解不容易，但被误解却是异常轻松的一件事。或许一句无心的言辞或者动作，甚至一个没有任何意义的眼神都可能让别人产生误解。很多人想方设法企图避免误解的产生，但事实上这是不现实的。或许在我们自己看来是一个非常无心的举动，在他人的眼里却充满了敌意。

在面对别人误解的时候，首先要控制住的就是逆反情绪和攻击欲望，这就需要我们进行适当的忍让，然后找到正确的方式争取得到他人的谅解。当然，这并不是刻意去迎合一个人，而是要有自己的立场，要让对方诚心实意为自己鼓掌。

在古希腊神话里，有这样一则故事，说的是有一个威风凛凛的大力士名叫海格力斯，他力大无穷，与对手作战从来都是所向披靡、无人能敌。到了最后，他是何等的踌躇满志、春风得意，感觉天下就没有人是他的对手了。

有一天，他一个人行走在一条狭窄的山路上。突然，他险些被一个东西绊倒。他定睛一瞧，原来脚下躺着一只毫不起眼的袋囊。

他用力猛踢一脚，那只袋囊非但纹丝不动，反而气鼓鼓地膨胀起来。很久没有被人挑衅的海格力斯恼怒了，挥起拳头又朝它狠狠地一击，但这只袋囊依然如故，仍迅速地胀大着。海格力斯暴跳如雷，从身边拾取一根木棒朝它砸个不停。可是好像这只袋囊被施了诅咒一样，他越用力地敲打，袋囊胀得越大，最后将整个山道都堵得严严实实。

海格力斯累得躺在地上，气喘吁吁，气急败坏却又无可奈何。不一会儿，一位智者走来，见此情景，困惑不解。海格力斯懊丧地说："这个东西真可恶，存心跟我过不去，把我的路都给堵死了。"智者仔细观察了那只气鼓鼓的袋囊，平静地说："朋友，它的名字叫'仇恨袋'。当初，如果你不理会它，或者干脆绕开它，它就不会跟你过不去，也不至于把你的路堵死了。"

人与人之间产生摩擦、纠葛，甚至误解都是再正常不过的一件事情。在我们每个人的心中，其实都隐藏着这样一个"仇恨袋"。如果误解得不到消除，就会成为一种仇恨，我们在以后的生活中就像负重登山一样，变得举步维艰，发展到最后，只能将自己前行的道路堵死。

每个人与他人之间并没有天然的仇恨，误会大多开始于日常生活中鸡毛蒜皮的小事情。当遭遇误解的时候，它所带来的负面意义就是把美好的误解为丑恶的，把善意误解为恶意。如果任由误解发展，它将成为人生中一层阴影。

在《丑石》这篇文章里，一块毫无特色的石头就被周围所有人误解。它没有棱角，也没有平面，无法用来垒墙；由于石质太细，石匠甚至无法用它来洗磨。

正如作者描绘的那样："它不像汉白玉那样的细腻，可以凿下刻字雕花，也不像大青石那样的光滑，可以供来浣纱捶布。它静静地卧在那里，院边的槐荫没有庇覆它，花儿也不再在它身边生长。荒草便繁衍出来，枝蔓上下，慢慢地，竟锈上了绿苔、黑斑。我们这些做孩子的，也讨厌起它来，曾合伙要搬走它，但力气又不足；虽时时咒骂它，嫌弃它，也无可奈何，只好任它留在那里去了。"

但是正是这件人见人恨、看上去一无是处的破石头却被一位天文学家视为珍宝，原来它是一块陨石，从天上落下来已经两三百年了，是一件很了不起的东西。

正是因为它不是一般的顽石，当然不能去做墙、做台阶，也不能用来雕刻。从本质上说，它不是做这些玩意儿的，所以遭到了一般世俗的讥讽。

当掌声响起来的时候，不仅有支持自己的朋友，还有曾经误解的对手，这样的人何愁不快乐呢？这样连续不断地做下去，慢慢地，你会发现，你与周围的人都能和谐共处，人生的成功也不再遥远。

03. 有些误会无须解释，交给时间

人生活在社会之中，免不了要和各种各样的人进行交往，而交往的过程中，我们总是一不小心便会与他人产生误会。

果园里有一株无花果，无花果周围是一片花生。无花果看到地里的花生光开花不结果，就十分看不起它。花生看到无花果虽然枝头上挂着些青蛋蛋，但并没开花，它就私底下认为那青蛋蛋或许就是毒瘤，就如人患了癌症一样，没个好东西。于是，它也很蔑视无花果！它们经常吵架，互相辱骂。

到了秋天，一名老师带着学生来到果园，开始对学生讲解：无花果并非不开花，而是它开出的花是淡红色的，隐藏在囊状的托内，非常地隐蔽，很难被人发觉；而花生的果是在地底，也很难被人发觉……

这个故事说明了一个问题，我们很多人都会本能地站在自己的立场看问题，但由于人与人之间看问题的角度不同、所持的价值观不同等，往往面临同一个问题，有一千种解释和一万种理由，这就是我们产生误会的根源。

生活中的误会有很多种，产生误会以后，人们最常见的状态就是拼命地去解释，可是结果往往事与愿违。其中的缘由很简单，人们现在已经越来越习惯相信自己的眼睛，而不是对方解释的言语。而且，很多时候，我们不是把自己想象得太过聪明，就是不够聪明，很多事情往往也越解释越说不清。

怎么办呢？消除误会的最好方式就是让真相大白，但是发现真相的历程往往不那么顺利，或者说当时并没有办法让对方去了解事实的真相，这就需要时间的力量。随着时间的流逝，很多人会发现当初费力解释的话已经变得不再重要，随之而来的就是当初的误会已经不能算作误会了。

在一座山上有一个石碑，这个石碑讲述着这样一个故事。

一位远方而来的旅行者途经这座山的时候，看见了一只老虎。当他将这件事情告诉周围的人时，并没有任何人相信他。因为在这座山上从来就没有发现过老虎，甚至在周围的山上也没有发现。

这位旅行者坚持说自己看到了老虎，并且是一只高大威猛的老虎。可是无论他描述得多么形象，还是没有人相信他看到的是一只真正的老虎。到最后，无奈的他只好说："我带你们上山吧，如果能够看到真老虎，你们总该相信我吧。"于是，真的有人跟随这个旅行者上了山，可是漫山遍野找遍以后，依然没有任何老虎的踪迹，甚至看不到老虎活动的迹象。跟着他一起去的人对旅行者说："你一定是看花了眼。你最好还是不要说自己确实看到了老虎，否则人们会说你是从远处来的最会撒谎的骗子。"

旅行者十分地气愤，他觉得自己明明看到了一只老虎，怎么会没有人相信自己呢？在接下来的日子里，他甚至取消了自己的旅行计划。为了证明自己没有说谎，他逢人便说自己遇到了老虎。可是到了最后，人们不仅没有相信他的话，而且看见他就躲得远远的。私底下的人们还纷纷议论，说这个旅行者已经疯了。

旅行者怎么也想不通，他发誓一定要让人们消除对自己的误解，证明自己的诚实。在不久以后，他买了一支猎枪。他要找到那只老虎，并且把那只老虎打死带回来，目的就是向所有的人证明他没有说谎。

可是他一去就再也没有回来。几天之后，人们发现了早已经被猛兽撕碎的衣服和一支猎枪。经过当地医官的验证，这位旅行者确确实实是被一只老虎吃掉的。旅行者没有说谎，等人们消除对他的误解的时候，他已经看不到了。

在实际的生活中，我们很多人都急于向别人证明自己。这种着急的心态，其实就是在寻找一只把自己吃掉的老虎。如果交给时间会怎么样呢？相信，山上有老虎的事实总会因为时间的流逝而被人接受，如果能够不那么着急寻找解释的理由，任凭时间裁决最后的争议，那旅行者当然能够获得胜算。

所以，当与他人产生误会，一时半会儿无法和解的时候，不如闭上嘴巴，把一切交给时间吧。谎言和轻视都经不起历史的淘洗，一个有耐心的人将会赢得更多的尊重，也会守得云开见月明。

把一切交给时间，这不是消极，而是一种历练后的生活智慧。

当误会发生时，请耐心地等待，且闲庭信步，看花开花落。

04. 不想让人轻视，你就必须奋斗而挺立

有这样一句话，感谢轻视你的人，因为他磨炼了你的自尊。打败别人的轻视其实很简单，那就是再努力一点点。谁都希望人与人之间的交往都能够坦诚相待，但是人们的身边往往有一些人不仅在你努力的时候不去喝彩，甚至会冷嘲热讽。对于这种现象，首先要保持冷静，不要轻易地恼怒。

接下来怎么做呢？告诉你，用事实去反驳一个人，这比用言语要有力得多。当困难来临的时候，你只要咬紧牙关，努力一点，再努力一点点，就能让那些轻视的目光变成敬佩。要知道，无论从事哪一项工作，只要肯付出，在艰难的时刻选择努力一点点，都将取得意想不到的成就。

保罗·乔治本来是维也纳地区一名在当地很有名望的律师，但是非常不幸的是，他赶上了第二次世界大战的爆发，被迫逃到了瑞典生活。

来到瑞典以后，他想要尽快找一份工作，否则他就要露宿街头了。他起初依旧想做律师行业，但是很快发现这里本地的律师已经没有多少业务了。于是，他降低了自己的要求。由于他熟练掌握好几门外语，所以他希望能够进入一家进出口公司担任秘书。但是由于战乱的关系，很少有公司还能提供新的职位。

在应聘的过程中，保罗·乔治遇见了一家让他十分气愤的公司。乔治清楚地记得当时负责招聘的人所说的话：“你对我们的生意了解太少了，完全不

理解这个工作的性质，就连用瑞典文写的求职信也是漏洞百出。我们根本不需要任何替代我们写信的秘书，即便需要，也不会请你。”

乔治当时就火冒三丈，但是转念又想道：“或许这个人说得有道理。我虽然也学过瑞典文，但是并不是十分熟练，可能在信中犯下的错误我自己都没有意识到。如果真是这样，我还要继续努力。”

于是，乔治换了一个笑脸说：“谢谢您在百忙之中抽时间来接待我，并且相当诚恳地指出了我的不足和缺陷。由于个人原因，我并不知道我的信上有那么多的文法错误，我觉得很惭愧。但是我打算继续学习瑞典文，直到我能写出一封准确无误的求职信。”

大概半个月以后，这家公司收到了乔治新的求职信。在这封信里看不到一处文法错误，并且对他们的公司业务又提出了一些基本的看法。这家公司负责招聘的人很快就想起了乔治，他对乔治的进步感到十分吃惊。当然，乔治很快就来这家公司上班了。

当乔治被招聘人员轻视的时候，他没有选择立刻反驳，而是选择了继续努力一点点。正是这一点点的进步打动了招聘者，也让他得到了工作的机会。

现实生活中，或多或少我们都会遇到乔治那样的人生困境。在别人轻视的目光中，要做到内心不乱、脚步沉稳并不是一件简单的事情，需要内心拥有强大的力量对于自己的目标执着而坚定，相信自己能够走出一时的黑暗，并且慢慢地走下去，坚持下去。

小张是一家数码产品公司的技术人员，每次公司研制新产品项目的时候，他是能推则推，很少自己干。当别人问及原因的时候，他总是说害怕失败，害怕别人说他逞能，害怕自己失败时无法承受别人轻视的目光。而他的同事小王则不同，每次公司研制新产品、推出新项目的时候，他总是根据自己的能力，大胆地接手去做。一年以后，小王已经是公司的技术总监，而小张仍然是公司的一个技术员。

没有压力，人永远不知道自己的潜力到底有多大。当面临别人轻视的目光时，人们往往有两种选择：自信的人目光如炬，目标坚定，相信自己最终能够解决问题，当然最终他们往往能够取得很好的成绩；而自卑的人总觉得自己做不好，在选择中瞻前顾后，最终丧失了机遇，明明想避免别人的轻视，但是最终还是无法摆脱被轻视的命运。

人们为什么会惧怕轻视，其实细想一下，就会发现这源于一种对自己、对未来的不自信。但是换个角度来想一下，当被别人轻视的时候，实际也正是接近成功的时刻。既然自己从事的工作或者进行的努力还有人在不断地关注，那我们还有什么理由不把这件事情做好、做成功呢？

将你正在做的事情慢慢做下去吧，尽情展现自己的才华，你定会赢得众人的喝彩。

05. 冤冤相报何时了，不如相逢泯一笑

在与我们打交道的人群中，其中有一部分或许可以与我们志同道合，但还有一部分却难以相处。面对这样的情况，怎么办呢？事实上，只要我们能够以德报怨，用笑容化解仇恨，那么敌人也会慢慢成为朋友。

新文化运动刚刚兴起的时候，其基本的主张就是废除古文，力推白话文。虽然林纾的白话文十分流畅，但是却竭力反对新文化运动，成了反对胡适的“大佬”。在与新思潮的论战中，他不仅致信蔡元培明确表示反对新文化，而且还通过小说、杂感、评论等辱骂胡适等人。在其中的两篇短篇小说中，《荆生》和《妖梦》极尽挖苦和讽刺之能事，将胡适等人描绘得十分粗鄙和刻薄。

林纾把学问用在了笔墨调侃，甚至文字骂战中，这让很多人都看不下去。《新青年》的陈独秀、钱玄同、刘半农等人更是义愤填膺，打算化名写文章反击林纾，但胡适极力反对这样做。胡适认为：“化名写这种游戏文章，不是正人君子所为。”由于胡适的态度坚决，《新青年》终究没有用假名同当年已经是68岁的林琴南“刀来枪往”。

面对胡适的大度，林纾也觉得自己的行为可能有些过分了，于是亲笔写信给报馆，公开承认了自己的错误。对于林纾的长处和贡献，当时作为文化领袖的胡适常常给予十分中肯的评价。在林纾的一生中，对外国文学引入到

中国有相当大的贡献。此外，林纾还能诗善画，是一个罕见的全才。

1924年，林纾去世，胡适在《晨报》发文纪念。文章说："我们晚一辈的少年人只认得守旧的林纾，而不知道当日的维新党林纾；只听得林纾老年反对白话文学，而不知道林纾壮年时曾做很通俗的白话诗，这算不得公平的舆论。"

胡适要给林纾一个"公平的舆论"，特意抄录了林纾所写的五首白话诗，和自己的纪念文章一同发表，着力证明"当日确有一班新人物，苦口婆心地做改革的运动。林纾老先生便是这班新人物里的一个"。

1928年春，胡适在上海读到了一篇小说，题目是《燃犀》。小说的主要目的是影射攻击已经死去的林纾，写作手法效法当年林纾骂胡适一样。胡适读后当即给这家报社写信，要求转达和告诫那个作者："我们可以不赞成林先生的思想，但不能污蔑他的人格！"

胡适给了林纾一个"公平的舆论"，这是何等的胸襟，何等的心怀？胡适的宽容让他获得了尊重，这种尊重不仅来源于朋友，更源于对手。胡适先生的人格让他在朋友圈内赢得了很高的赞誉，也让他成为了当时文化界人缘最好的人之一。

雨果曾说过："人们总认为，海洋最宽阔，可是比海洋宽阔的是天空，比天空宽阔的是人的胸怀。"当我们怀着宽容的心的时候，我们的胸怀既能容纳海洋，也能容纳天空。而一个人如果能够对敌人也宽容以待，以德报怨，笑脸相迎，那么敌人就有可能不再是敌人，甚至变成你的朋友。

蔺相如是战国时期赵国的大臣。他在两次出使中，以聪明机智的应对保全赵国颜面，受到赵惠文王的器重，拜他为上卿。

赵国大将廉颇对蔺相如被封为上卿一直心怀不满，他认为自己作为赵国的大将，一直出生入死，攻城略地，扩大疆土，没有功劳也有苦劳呀，怎么蔺相如凭着耍耍嘴皮子就身居高位了呢？对此，廉颇气愤不已，他下定决心，一定要给蔺相如点颜色看看。

廉颇的这种想法被蔺相如的门客知道，迅速通报了蔺相如，但蔺相如只是微微一笑，说："我知道了。"从那天开始，蔺相如为了不使廉颇在临朝时位列自己之下，所以总是称病不上朝。

一天，蔺相如带着门客坐车出门，远远看见廉颇的车马迎面而来。蔺相如立即下令退到小巷里去，让廉颇的车马先过去。这件事引起了蔺相如门客的不满，大家纷纷说："难道您怕他吗？不上朝已经让着他了，现在又让马车！"

蔺相如对门客们解释说："面对强大的秦王，我都一点不畏惧，敢当庭呵斥，羞辱他的群臣，我还会怕廉颇吗？秦国之所以现在不敢来侵犯我们赵国，就是因为有我和廉颇将军。如果我们两人不和，这正是中了秦人的圈套，秦国就会趁机来侵犯赵国，因此，我还不如忍让点儿呢！"

蔺相如的话传到了廉颇的耳朵里，他为自己的想法和做法感到惭愧不已，于是赤裸着上身，背着荆条，到蔺相如的家里去请罪。蔺相如见到廉颇，连忙扶起他，说："你我同为赵国的大臣，将军能体谅我，我已经万分感激了，怎么还来给我赔礼呢。我只希望我们两个人能尽力保住赵国的土地，让百姓安居乐业。"

这便是历史上著名的"负荆请罪"的故事。

从那以后，廉颇与蔺相如一文一武结为刎颈之交。

在实际的生活中，与他人产生不愉快的情形是无法避免的。如果在这个时候不能采取忍让和宽容，双方的矛盾就会不断激化。现在明白了吧，以德报怨从来不是示弱，而是一种难得的品格。在自己受到伤害的时候，选择以德报怨，用笑容来消解仇恨，所谓的敌人就不复存在了。

所以，如果你在生活中遇到了让你感到愤怒、感到受伤的事，不要斤斤计较，不妨保持宽容，淡淡地微笑。如果是朋友，你自然而然应该包容朋友的过失和错误；如果不是朋友，当你肯用笑容来化解仇恨的话，对方也会感受到你的真诚。恭喜你，你的好人缘会慢慢建立起来。

06. 走出自己的“心牢”

我们每个人都是极其普通的凡人，也会有自己的爱恨取向。在所有的情绪中，愤恨或许是负面效应最大的。因为仇恨是带有毁灭性质的情感，如果自己的心中一直背负着仇恨，那么终有一天，仇恨会吞噬掉一个人正常的情感。

对于一心装着仇恨，企图有一天复仇的人来讲，那无疑是给自己套上了一个深深的枷锁。即便有一天将枷锁卸去，那也会留下深深的印记。

刘备当初能够三分天下，拥有东西两川和荆州之地，其中关羽的作用是相当大的。然而由于关羽的失误，荆州被东吴所夺，关羽也被算计杀害。

刘备听说这个消息后，内心十分悲愤，立刻要起兵伐吴，发誓要为自己的二弟关羽报仇。

当时蜀国的另外一名大将赵云劝说道：“当今曹氏是众人熟知的国贼，我国的主要仇敌并非孙权。曹操虽然死了，但曹丕却篡汉自立为帝，神人共怒。陛下如果有匡扶天下打算的话，就应该讨伐曹丕，而不是剑指东吴。这是因为倘若一旦与东吴开战，就不容易立刻停止，其他大计就无法实施。还望陛下明察。”

刘备心里也不是不知道其中的道理，赵云所说的话确是审时度势之言。然而，兄弟惨死的情形让他的心中已充满了复仇怒火，发誓要向东吴开战。他对赵云说：“孙权杀害了我的二弟，还有其他忠良志士。这是切齿之恨，只有食其肉而灭其族，方能消除我心中的仇恨。”

赵云再次劝道：“如今曹丕篡汉的仇恨，是我们大家共同的仇敌；兄弟之间的仇恨，只是私人的仇恨。再次希望陛下以天下为重，不要因私人仇恨而乱了自己的心志。”

刘备甩袖反问：“我不为义弟报仇，纵然有万里江山，又有何意？”遂起兵伐吴，欲扫平江东，但最后落得个火烧连营、白帝托孤的下场。

刘备的结局其实在他决心为兄弟复仇的那一刻就已经注定了。他内心愤怒的情绪让他丧失了最后的理智。假如他能够静下心来，不让恨意充斥着自己的头脑，设定详细的战略、审时度势地分析目前的情况，那么最终的局势说不定就能有很快的扭转。

一个内心充满着恨意的人，他的内心总也达不到平静的状态，也就无法正常看待这个世界。曾有人说过这样一句很有哲理的话：“生活的一半是倒霉，另一半是如何处理倒霉。”这看似戏谑的话其实蕴含着人生中的重要哲理。那就是我们人生最终的成败悲喜就在于我们的另一半，也就是处理倒霉的态度之上。

有句话说："很多人总是太着急去学会仇恨，却不知道人要花一辈子来学会宽容。"的确，仇恨一个人很容易，但是宽恕一个人却非常困难，关键就在于我们自己的心灵如何进行抉择。这需要修养，需要智慧，更需要气度。事实证明，事业越成功的人，越有宽容之心，越不会去仇恨。

南非前总统曼德拉是南非的民族英雄，在被白人政府关押了 27 年之后出狱。1994 年 5 月 9 日，曼德拉正式被国会选为总统。在宣誓就任总统的典礼上，他出乎意料地邀请了曾经看守他的三名狱警作为重要的客人来参加他的就职典礼。

当曼德拉把狱警介绍给来宾的时候，整个现场乃至世界都安静无声。毫无疑问，曼德拉的这一举动把人们惊呆了！因为谁都知道，这三名狱警在狱中不仅没有友好地对待他、照顾他，甚至还曾经想方设法地虐待过他。难道曾经发生的一切，曼德拉一点儿不记得了吗？

就在大家迷惑不解的目光中，这个饱经沧桑的老人对着周围的人发出了这样的感慨："当我走出囚室的那一刻，双脚迈过通往自由的监狱大门，我已经清楚，如果自己不能把怨恨留在身后，那么我其实仍在狱中。"

曼德拉之所以被人们称为伟人，是因为他能够用恰当的方式消除过去的仇恨。换言之，如果我们对于过去让自己难堪的事情耿耿于怀，那么将无异于一生住在无形的"心的牢狱"里面，自己的生命将永远也得不到解脱。对于曾经虐待自己的狱警，曼德拉不仅没有选择仇恨，更是不计前嫌地包容他们，将仇恨消于无形，也让人们更加敬重他的品格。

千万不要用仇恨的态度来编织一座让人无法逾越的“心牢”，在仇恨别人的同时也牢牢地束缚了自己，这等于长期地在自己的心头重演被伤害的过程，这样的结果只能是让自己一次次地痛苦，一次次地难过。所以，请记住，怨恨别人会使自己的生活越来越糟，只是在对自己进行惩罚而已。

有一句话说：“我们的心如同一个容器，当爱越来越多的时候，仇恨就会被挤出去。”别让自己的心坐牢，这比什么都重要。当然，这是一个慢慢开导自己、慢慢平复自己的过程，一切要慢慢来。

07. 我不与人争，胜负均不值

人生是一个过程而不是一个结果，不一定要分出最后的胜负输赢。每个人都有着与他人不同的人生历程，只要我们做好自己，成为自己的英雄即可。但是在大多数人的心目中，胜负输赢却关系十分重大，甚至变成了此生此世最为重要的事情。一旦不如别人，感受的可能就是悲凉。

这是一种不正确的态度，因为人最大的敌人不是别人而是自己。每个人都有属于自己的人生，我们都是和自己赛跑的人，我们没有必要和别人去一比高下。

更何况，在生命的过程中，我们不断参与着一场又一场的较量，计较着一次又一次的输赢，但是在生命终结的时候，最终还是两手空空地离开这个世界。

对于任何一个人来说，一定要有一个良好的心态去看待输赢。

一位拳击高手在一次比赛中自以为能够稳操胜券，取得最后的胜利，但是结果却出乎意料。在最后的决赛中，他遇到了一个实力很高的选手。在比赛的过程中，这位拳击高手一直找不到对方招式中的破绽，而对手却总是能找到他的破绽。

比赛的结果可想而知，这个拳击高手最终没能拿到自己想要的冠军。于是拳击高手找到自己的师父，一招一式地将对方和他之间的比赛过程展示给师父看，并恳求师父帮他找出对方招式中的破绽。按照拳击手的想法，只要能够苦练出足以攻克对方的新招数，在下次比赛中就一定能够打倒对方，夺取冠军奖杯。

拳击手的师父并没有给他分析具体的招式动作，而是在地上画了一道线，要他在不擦掉这条线的情况下把这条线变短。

拳击手愣住了，这怎么能够办得到呢？最后，他无可奈何地向师父请教其中的方法。师父笑了笑，说："你在这条线的旁边画上一条更长的线试试。取得胜负的关键不在于找到对方的弱点，而是寻找一条更长的线。拳击的目的不是为了争强好胜，而是在搏击中感受生命的强度和宽度。当你的眼睛不再只盯着那一条短短的胜负线的时候，你才能让自己变得更加强大，才能真正赢得对手的尊重。"

是的，每个人都在跟自己赛跑，生活中没有所谓真正的输赢，人生不一定非要用胜负成败来衡量，希望获得最后的胜利是一种欲望，也是一把锁链。唯恐落人之后，身心皆被驱使着，生命可能就会变成劳役，疲惫不堪。当为了这样的结果打得不可开交的时候，输赢真的那么重要吗？

人生的路很长，慢下来，看看这个世界，人生的事很多，看淡些，胜负没有那么重要。

在某市举行的残疾人运动会比赛中，竞争很激烈。在女子1500米赛跑项目预赛中，有两位选手显得格外突出。

比赛的最后，有四名选手进入到了最终决赛。决赛开始，其中两名实力最强的选手很快将其他人抛在了后面。最后100米冲刺的时候，这两名选手几乎是比肩齐步，都在拼尽全力跑赢对方。就在这个时候，稍微落后的那个女孩不小心绊倒了。按照正常的比赛节奏，这等于把另一名选手送上了冠军台。

但这次比赛却大大出乎了人们的意料。领先的那名选手停了下来，并折回去扶起她的对手，为她拂去膝盖和衣服上的泥土。此时，另外两个女孩子也和前一个女孩一样，四名决赛选手肩并肩走完了剩余的跑道。虽然她没有取得所谓的“第一名”，但她赢得了在场所有人的掌声。

在绝大多数人的眼中，参加比赛的目的就是赢得最后的胜利，因为那是一种无上的荣耀。但是在这种情况之下，领先的那名对手却放弃了唾手可得的赢家身份，来帮助自己的对手，正是这种举动让她得到了更大的尊重，也体现了真正的体育精神。虽然她没有“胜”，谁能说她不是成功者呢？

一位诗人说：“我不与人争，胜负均不值。”的确，人生有很多东西值得珍惜，胜负结果本没有那么重要。所以，当你暂时落后的时候，不要沉沦或退缩，也不自寻烦恼和制造失意，继续奋勇向上吧。

其间，别被那些嘈杂乱了心性，执着于自己的目标，把注意力集中在自己身上，多回头看看从前的自己：“我的成绩比从前进步了吗？”“我的工作比过去更称心吗？”“我的生活比从前更美好吗？”“我的身体比过去更健康吗?”“我的家庭关系比从前更和谐吗?”如此等等。

在半路的时候，你会看见你前面有人，但是，如果你加倍努力，一步一步朝前迈出去，前面的人也会被你超越。

第六章

／

你虽脆弱，
但须坚强

／

走向优秀的道路并非一帆风顺，
我们会遭遇种种挫折或磨难，但这不是你抱怨、沮丧，
甚至自暴自弃的理由。
要知道，这个世界不会因为你有多惨，就会对你多好。
所以，那些痛，你要学会及时转换。
你虽脆弱，但须坚强。这个过程或许很难，
但你会慢慢蜕变和成熟起来，变得越来越优秀，
留下一个名叫“奇迹”的希望。

01．痛，说一次就复习一次

在行走的路途中，没有谁完完全全是命运的宠儿。在为自己的理想和目标奋斗的过程中，很多人都经历过刻骨铭心的伤痛。这些伤痛或许是一段情感的破裂，也许是接近成功顶峰时的一次无意跌落，或许只是无意中错过了一次自己喜爱的明星的演唱会……

受伤的时候需要疗伤，而疗伤的方式又有很多，其中有一种方式叫作伤而不言。按照平常人的观念，既然已经受伤了，为什么还要将这种不愉快的情绪隐匿在心里呢？但你可知道，每一次将伤口展示给人看的过程，其实就是将尚未结痂的部分重新撕裂，这只会让自己越来越痛苦。

事实的确如此，一个经常沉浸在自己的悲伤中，总是茫茫然感受不到快乐的人，他的人生必定是黯淡无光的。自伤自怜像一片泥潭，让人泥足深陷，难以自拔。总是在悲伤的人，往往无心注意人生中的阳光，无心去注意身边的美好，如此又怎么可能享受到愉快的生活呢，让阳光来照亮自己的人生呢？

痛苦并非必然的结果，痛苦是心灵的自我囚禁，每个人都应该自觉地呵护自己的心灵，别让它承受痛苦的煎熬。所以，当你感到被痛苦羁绊的时候，不妨学着让自己静下心，以一颗豁达乐观的心灵凌驾于痛苦之上，如此我们就能获得积极乐观的心态，快乐地迎接人生的痛苦。

唐婉是个一出生就双目失明的孩子，她的世界里永远都只是无边的黑暗。

唯一能让唐婉感受到快乐的就是音乐，音乐仿佛就是她的生命一般。但不幸的是，在一次意外中，唐婉的世界甚至连声音也失去了。然而没有色彩、没有声音的世界并没有让唐婉陷于自伤自怜之中。唐婉开始用盲文写作、谱曲，把自己对家人的感恩、自己对这个世界丰富的想象记录下来。虽然遭受了一连串的打击，但整个家庭因唐婉的乐观开朗而充满着幸福的笑声。

毫无疑问，唐婉的遭遇是惹人同情、令人惋惜的，但是她并没有因此让自己沉溺在痛苦中，没有因自伤自怜遮住人生的光芒，没有因自伤自怜让自己的人生变得黯淡，反而乐观开朗，使自己的人生更加美丽地绽放。

面对痛苦，具体怎么做呢？那就是痛而不言，再一脸阳光重新投入生活。流年似水，灼痛终将沉淀为一种经历。

一位美国科学家曾经进行了一项实验，在实验中，这位科学家把人呼出的气体注入一种液体之中，观察不同情绪下人呼出的气体对这种液体的影响。经过特殊的测量手段后发现：当一个人心情平静的时候，这种液体没有明显的变化；而伤心的时候，则会产生白色沉淀；最严重的是一个人生气的时候，液体就会变得很混浊。他进一步实验发现，人生气时所产生的分泌物在某种情况下甚至可以毒死一只老鼠。

据此，他根据自己的研究计算出：一个人如果生十分钟的气所消耗的体能一点也不亚于做一次三公里的长跑。科学家做出这样的结论：一个人一生的寿命中，有很大程度上不是老死的，而是被气死的。所以我们不能让怒气待在心中太久，应该想办法把它们以一种无损的方式发泄出来。

而所谓“无损发泄”，是指一个人在释放消极情绪时，所采取的行为既不会对自己，也不会对社会和他人造成伤害。一般来说，人的消极情绪主要有两种发泄方式，即消极发泄和无损发泄。消极发泄是一种有损性发泄，这种发泄具有一定的破坏性，有可能对自己或者他人、社会造成不应有的伤害和影响。而无损发泄则是一种积极发泄，它是通过积极主动的方式，将心中积聚已久的失落和压抑情绪，进行及时的疏导排泄，从而使心理处于平衡状态。从本质上看，无损发泄是在理性支配下的发泄，也是一种有道德、有修养的发泄。

或许在不同的时刻，人与人之间受到的伤害是相同的，但是不同的表现却各不相同。在生活中，无损发泄就是你是否对所处情境做出正确的判断，并选择一种无害于自己也无害于他人的方法。正如培根所说：“无论你怎样地表示愤怒，都不要做出任何无法挽回的事来。”

02. 此时的每一道伤痕，都是你日后历数的勋章

痛是一种贯穿身体和心灵的感觉，这种滋味只有经历过的人才能够体会。当面临伤痛时，有些人总习惯向别人倾诉自己有多么痛苦，而有的人则乐意去做一个心灵导师。言语所能表达出来的，往往不及真实伤痛的百分之一，而那些被深埋的伤痛则是一把既可伤人也能利人的双刃剑。

曾有人说，人生中经历的每一道伤痛都将是最终问鼎成功后的勋章。但是能

做到这一点的人不多，因为想要从伤痛中汲取力量，往往需要自身默默地努力。

当他“活到最狂妄的年龄时忽然残废了双腿”，于是便每日来到人迹罕至的地坛公园，在寂静的天地中思考着关于生与死的问题。最后他终于明白：一个人，出生了，这就不再是一个可以辩论的问题，而是上帝交给他的一个事实。最终，他接受了这个苦痛，包括生命中最不能忍受的残酷和伤痛。

后来，他开始将自己的目光转向周围的人群，试图看看别人是怎样的命运和活法。首先他看到的是为自己操碎了心的母亲，他明白自己所有的痛苦和不幸到了母亲那里都是要加倍的。他还看到了一个漂亮但弱智的少女、一个有着长跑天赋的残疾朋友、一对非常恩爱的失明夫妻……

通过对周围人的观察，他进一步加深了对命运的认识：“这是一个因苦痛而有差别的世界。就命运而言，休论公道。如果被选中去充当那苦痛的角色，那就勇敢地去承担。”通过思考，他进而想到问题最关键的部分，人应该如何看待自己的苦难。在地坛的日子里，他最后明白了：以最真实的人生境界和最深入的内心痛苦为基础，将自己的生命放在天地宇宙之间而不觉其小，反而因背景的恢宏和深邃更显生命之大。

这个人就是史铁生，一个下肢没有活动能力，几十年都坐在轮椅上的人。他将自己对生命的思考，以独特的视角和思考方式写下了大量的文学作品，其中流传最广的一篇文章当属入选中学语文教材的《我与地坛》，给弱者以力量和勇气，也启发所有人对生命的思索和领悟。

“活到最狂妄的年龄时忽然残废了双腿”，史铁生的人生遭遇无疑是痛苦的，但他对生命的思考、对伤痛的思考达到了一种更为广阔的境界，“这是一个因苦难而有差别的世界，就命运而言，休论公道”。也正是在这种领悟中，他完成了生命的蜕变，将生命中的苦痛变成了自己走向成功的一枚闪亮勋章。

当然，不是每一个遭受伤痛的人都能够成为史铁生一样的人，也不是说只有经历过如此的灾难才能最终取得成功。伤痛不是成功的必备条件，但是能够跨越伤痛则是成大事者所必须要经历的道路。

所以，不要花费太多的精力在伤痛本身之上，而是要试图从伤痛本身学习到什么。英雄不问出处，成大事者也没有多少人会在意自己曾经历过多少不幸和伤痛。

一头驴掉进了一口枯井之中，它的主人想尽办法希望能够把它救上来。经过数次的失败之后，主人决定放弃。反正驴子已经老了，况且这口枯井早晚也是要填上的，于是人们拿起铲子，开始填井。当第一铲泥土落进枯井时，驴子叫得更恐怖了，它显然已经明白了主人的意图……

放声悲鸣的驴子让所有人都感到了心酸。为了尽快解除驴的痛苦，人们加快了填土的节奏。可是过了一会儿，枯井中的驴停止了叫唤。当人们都认为驴已经死去的时候，却惊奇地发现，这头驴并没有死，它还站在井底。那些铲进井里的泥土都被它抖落在脚下，然后用自己的蹄子将泥土踩实。驴子正安静地期待着枯井上的人，等待众人铲下的土壤。

很快，驴就站到了枯井口，随后走出了枯井。

生活中的伤痛在所难免，但每一次的伤痛其实都有着自己无可取代的价值。就像寓言中的驴子一样，当别人将土扔到它身上准备埋葬它的时候，它却能够将其抖落在脚下，最终成为自己走出枯井的基础。

人生也是如此，伤痕累累的人拥有着比其他人更丰富的经验，也有着更加接近成功的决心。在获取成功的那一刻，当初所有的伤痕都是一枚枚勋章。在绝望中寻求希望，对痛苦付出真诚，慢慢从中学习，使自己不再迟缓，这是一个成功者应该有的素质，也是通往成功的必经之路。

03. 人生只会苦一阵，但不会苦一辈子

品茶是一项极具挑战的事情，现在真正懂茶的人越来越少，不是因为茶叶质量下降，而是人们已经太过急躁，没有机会领略茶的真谛。在一般人看来，茶只是众多饮料中的一种，具有一些保健功能。事实上，茶在我国的传统文化中具有相当高的地位，品茶能够品出人生的滋味。

经常喝茶的人都知道，茶的第一泡往往是苦涩的。当小小的茶叶在沸水里不断翻滚的时候，恰如刚刚进入社会的人，要想成才，必须要舍得让这个社会不断地打磨自己。不断地上下翻滚之后，隐藏在茶叶中的香气才会缓缓而发。很多人无法经历这一阶段或者说无法忍受第一杯茶的苦涩而选择了放弃。

苦涩过后的茶是清香的，这就好比是遭遇痛苦后的荣耀。这时的茶叶往往会释放出全部的精华，这就是人生的顶峰。但如果品茶到此结束，那依然是一个不求甚解的外行人。真正懂茶的人会慢慢品味茶的最后一遍，这就是平淡的滋味。此时的茶犹如历经风霜的老者，值得人去慢慢回味。最后一遍的茶往往很淡，但是就是这种平淡让一切有了别样的味道。

伟大的人物深陷痛苦的时候，他们并没有选择退缩，而是通过自己的努

力在苦难中展示出自己的才华和价值。即便身处各种困苦之中，即便各种艰难的物质条件给人种种限制，但是他们的心灵依然是自由的，哪怕只有最后的一点点力量，他们也会散发出耀眼的光芒。

人们的选择是有倾向性的，大部分的人只是习惯去看到成功者光鲜的一面，但是对他们在痛苦时的表现却视而不见。有人说这是不公平的，但事实上，一个心灵强大的人早就将这种不公平看得异常平淡。

不经一番寒彻骨，怎得梅花扑鼻香，没有谁能够随随便便成功。长在温室中的小花永远不能体会阳光、风雨的魅力，温室中的小树苗可能会娇艳无比，但它永远也没有可能成长为参天大树。吃苦的过程正是我们完成自我提升的过程，道路越是艰辛，我们离成功也就越近。

在浩瀚的海洋里生活着很多鱼，几乎所有的鱼都有鱼鳔，但只有一种鱼除外，那就是鲨鱼。没有鱼鳔的鲨鱼照理来说是无法生存下去的，因为它行动极为不便，在海洋里只要一停下来就很容易沉入水底而丧生。所以，为了生存，鲨鱼只能不停地运动。没有人能想象鲨鱼为了生存吃了多少苦，付出了多大的努力！鲨鱼的一生是辛苦的，因为它们从出生开始，所要面对的就是永不停歇的运动，直至死亡。

其他的鱼类都拥有鱼鳔，可以自由地沉浮。然而，很多年以后，鲨鱼却因此拥有了强健的体魄，成了同类中最凶猛的鱼。如果没有这样苦难的生活，恐怕也很难成就鲨鱼在海洋里的霸主地位。

每个人在实际生活中的境遇是不可能完全相同的，有人可能是在海底自由自在的普通鱼类，而有人则成为了没有鱼鳔的鲨鱼。或许普通鱼类更加适合海洋的生活环境，但是鲨鱼最终却统治了海洋。没有人愿意天生在苦难中生活，与其抱怨上天的不公，为什么不拼命地游动，最终进化成强者呢？

谁不愿意生活在蜜水中，享受甜美生活呢？但要想做一个优秀的人，你就得跟一般的人不一样。“吃得苦中苦，方为人上人”、“书山有路勤为径，学海无涯苦作舟”、“只要能吃苦，黄土变成金”，这些俗语都在提醒我们，要想尝到甜，就要先知道苦的滋味，不然你怎么知道什么是甜？

吃苦是一种勇气、一种素质、一种境界，它贯穿于每一个人为远大目标而奋斗的全过程。当一般人在放松、享受的时候，却总有一些人会主动选择吃苦，这些人对自己够狠，在苦中煎熬，往往也能更好、更快地提升自己，在众人之中脱颖而出。

《大长今》是韩国一部大型励志剧，讲述了徐长今是如何通过自己的努力成为了朝鲜王朝历史上首位女性御医。长今的聪明让所有人折服，但她的吃苦耐劳精神更让人动容。为了获得学医的机会，她每天天不亮就烧水洗碗，干各种杂活，一直到深夜，而且天天如此；韩尚宫让学生们“去寻找100种可以吃的水”、“去采100种野菜”，并要懂得分辨哪些野菜可以食用，哪些野菜是有毒的，要做到这些是艰难的，一般人吃不了这种苦，只有长今做到了，达到了韩尚宫的要求。长今能从小宫女，一直做到“三品”堂上官并任皇帝的主治医生，靠的就是她脚踏实地的勤劳苦干。

后来在一次比赛中，长今因用了百姓吃不起的上好牛骨炖汤，违背了为老百姓制药的用意，结果输掉了比赛。为了让长今反省自己所犯下的错误，韩尚官派她到云岩寺去伺候年迈卧病在床的老尚宫。长今走了之后，连生、阿昌跟令路都想跟着韩尚官学医，可是韩尚官用训练长今的方式训练她们时，她们都根本做不到，她们觉得韩尚宫的要求太严格了，那样的训练太苦了。

学习是苦，得到的知识是甜；思考是“苦中苦”，得到的智慧是“甜上甜”；锻炼是苦，得到的肌肉是甜；静坐是“苦中苦”，得到的内气是“甜上甜”……

在苦涩中，慢慢去成长，慢慢去蜕化，你终有一天会与众不同。

04. 苦中求乐，其乐无穷

有人为什么会觉得生活很苦闷，那是因为太将受苦当一回事了，也就是说，太看重了苦闷这种状态带给自己的影响。人们常说苦乐人生，人生中的苦难原本就无法避免。在遭遇到苦楚的时候，要学会用笑容化解。

有一位商人由于经营不善欠下了一大笔的债务，在得知他没有偿还能力的情况下，借债人纷纷前来讨债。巨大的压力之下，他已经到了接近崩溃的边缘。无奈之下，他萌发了要结束自己生命的念头。

这时，苦闷至极的他想到了大学时期的一个哥们儿。他们曾经相当要好，但随着商人在社会上不断打拼，与朋友们的联系也变得越来越少了，只是得知他在一个很偏僻的地方开了一家小农场。

于是他几经辗转找到了那个农场。当时，正值盛夏时节，农场里种植了一大片西瓜。朋友见他到来自然是十分高兴，热情地摘了几个西瓜请他进行品尝。

对身边的事物好久都提不起兴趣的商人吃过西瓜后对西瓜的味道赞叹不已，就顺口说了一句：“种这些西瓜应该很容易吧。”朋友笑着说：“4月播种，5月锄草，6月除虫，7月守护……有一年，就在收获前，一场冰雹来袭，打碎了我的丰收梦；还有一年，正当西瓜花大量盛开的时候，一场洪水让这一切都泡汤了……”

商人听完后，联想到自己的遭遇，不由得感慨了一声：“真不容易呀！”朋友笑着回答：“其实，和老天爷打交道，吃一些苦头是再正常不过的事情。不经过风雨的西瓜，味道永远不是最甜的。”

商人若有所悟，一直紧锁的眉头也舒展开来。回到城市，他咬紧牙关，将这次的不顺和困苦当作人生的一场考验，最终重新崛起，成为一名现代化企业的老板。

苦是人生的一种自然姿态，有苦才能知道甜是多么的美妙。选择以苦为乐，用笑容来化解痛苦是一种大智慧。

在人生的道路上，谁都有遇到苦难和挫折的时候，可你怎么能以此就否定自己呢？你怎么知道自己不行呢？用以苦为乐的心态来面对苦楚，生活会给予人们别样的惊喜。

莎士比亚说：“聪明人永远不会坐在那里为他们的损失而哀叹，却用情感去寻找办法来弥补他们的损失。”

蒲松龄19岁那年初应童子试，最终以第一名的身份考中了秀才。他的文章深受当时的山东学政愚山先生的赏识。

没过多久，蒲松龄一家便分家了，而分家分得又不是很公平，他的两个嫂嫂能打又能抢，而蒲松龄的妻子刘氏非常贤惠。在无奈之下，蒲松龄开始了自己长达45年之久的私塾教书生涯，而这种生活只能补贴自己的一些开销。到了30岁以后，因为父亲去世了，蒲松龄还要赡养他的老母亲。

在这种苦闷的日子中，蒲松龄并没有唉声叹气，而是选择了另外一条可以缓解自己压力、展示自己文学才华的道路，那就是写鬼怪小说，这也就是我们熟知的《聊斋志异》。关于这本书的成书过程，有一个很有意思的传说，说蒲松龄为了写《聊斋志异》，在他的家乡柳泉旁边摆茶摊，请过路人讲奇异的故事，听完了回家加工，就成了《聊斋志异》。

这种说法是站不住脚的，鲁迅先生对此已经分析过了。蒲松龄一生穷苦，过了不惑之年依然为稻粱谋，基本不太可能悠闲地摆摊请人喝茶。

但是，就是在这种生活中，蒲松龄并没有悲观，而是不管听到什么人说，听到什么稀奇的事，他都收集起来写小说。就在这些稀奇古怪的故事中，蒲松龄找到了自己的快乐之道。

当不止一次的落榜让蒲松龄几乎失去了科举信心时，他没有逃避，他选择了苦中作乐。一位作家曾经说过："命运总是喜欢让伟人的生活披上悲剧外衣，并且在他们前进的道路上设置重重障碍，以便让他们在追求真理的征途中锻炼得更加坚强。命运戏弄着这些伟大人物，但这是大有补偿的戏弄，因为艰苦的考验总会带来好处。"

人生总会有苦，苦终究无法避免。与其在苦难中一蹶不振，不如在苦难中选择微笑。微笑能融化心头的冰冷，让我们心里愉悦。在苦中作乐，把苦难当成一种经历，快乐地去"享受"时，我们就会真的快乐，并找到了一条辉煌的路。这个过程虽然有些慢，但挺过来就是胜利。

05. 摔了若干次，就爬起来若干次

当各种各样的挫折接踵而至的时候，当遭遇到别人冷言冷语伤害的时候，人们往往会呈现出完全不同的两种心态，有人选择用眼泪来发泄内心的苦痛，而有人则选择笑对苦痛，让自己的内心更加坚强。

所有的坚强都不是写在纸上的口号，也不是自己给自己加上的一个标签。真正坚强的人从来不会标榜自己有多么坚强，而是即便流泪，也能面带微笑。没有谁天生就是坚强的，要想让自己变得强大，就如同剑师铸剑，只有在一次次的淬火中才能炼就一把绝世好剑，而人也要历经一次次的伤害和磨砺才能真正让内心变得强大。

高尔基曾经说过这样一句话："苦难才是真正的大学。"的确，人生在世总有那么多的无奈，总有那么多让我们感叹的事。面对这些苦难，我们不能任其摆布，甚至随意消沉下去。有时候我们需要"扼住命运的喉咙"，慢慢改变自己的命运，这是成功者的座右铭，也是真正强者的做法。

英国著名史学家托马斯·卡莱尔曾经遭遇了一次沉痛的打击。他呕心沥血几十年，终于完成了一部旷世大作《法国革命》。但是就在他欢欣鼓舞的时候，他的女仆却把书稿当成废纸丢进了火炉，一举烧尽！

几十年的心血被付之一炬，可以想象卡莱尔当时的心情，他感到自己的生命仿佛走到了尽头。然而，抱怨又能解决什么问题呢？于是他很快平静下

来，选择了坦然去面对，他还安慰悲伤的女佣："没关系，就当我将作文交给老师批阅，老师说'这篇不行，重写一次吧，你可以写得更好'!"

过了几天，卡莱尔打起了精神，重新开始写作。由于有第一次写作的积累，他很快就将这部著作又写了一遍，而且，结果比第一次还要好。我们现在读到的《法国革命》正是卡莱尔重写过的。

时至今日，当我们拜读他伟大的著作时，不仅仅会赞美他的非凡成就，还会同时敬畏他的胸襟、他的毅力、他的坦然。

不是每一个人都有足够的能力和花费几十年的时间来写一本书，更不是每一个人在面对自己半生的努力都付之一炬时还能坦然面对，选择重新来过。卡莱尔是不幸的，女仆的一次失手造成的伤害对于一个从事学术研究的人是怎么样的危害？我们无法体会到卡莱尔当初的心情，但是我们知道的是这次伤害和挫折没有让卡莱尔倒下，而是让他的内心变得更加的坚强。

每个人都是自己命运的主人，在一切顺利的时候可能体会得还不那么明显，但是一旦遭遇到不顺甚至是打击，人们才会体会到乐观的心态所能够起到的重要作用。相信上帝，不如相信自己，相信意外的机遇，不如勇敢一点，坚强一点，笑对苦痛，让自己的内心慢慢变得强大起来。

当一个人的内心变得足够强大时，内心的焦虑和不安自然也就会消失。这样的人注定成就一番属于自己的事业。不过，内心强大很难，是要慢慢磨炼出来的。有一句话说："摔一次，站起来。再摔一次，再站起来。摔了若干次，就爬起来若干次。"强者就是这样练成的。

06. 黑夜给了我黑色的眼睛，我却用它寻找光明

是人都会做梦，既然是梦，也就意味着会有梦醒的时刻。有人说，梦醒的时候是最难过的，因为暂时还看不到希望，但是也有人说梦醒是最幸福的时刻，因为在梦醒之后就可以看到黎明的曙光。

不过，想要等到黎明时的曙光，首先要做的就是想办法度过漫漫长夜。这是一个艰难的、漫长的、备受“煎熬”的过程，同样也是一个必经的阶段。沉溺于自己梦想不愿醒来的人是懦弱的，他们害怕梦碎的一天；不愿去想的人是可悲的，因为他们无法享受到梦幻变成现实是多么得令人欣喜。

黎明之前必然经历黑暗，因为有了黑暗，探寻光明的价值才会充分体现出来。黑暗只是实现梦想的必经之路，因为黑暗的侵袭而放弃希望的人，最终只会被黑暗所吞噬。相反，那些在黑暗中仍然仰望光明并孜孜以求的人，终究会把无法事先布置的生命舞台前的那条黑色布幔拉开，看到色彩斑斓的宏图。

她是无数个“中国盲人第一”的创造者：中国第一位女盲人钢琴调律师、第一位骑独轮车的盲人、第一位开卡丁车的盲人、第一位盲人跆拳道“黄带”选手、第一位加入世界杰出华人协会的盲人……很难想象这些成就是一位双眼视力仅为0.02、患有先天性白内障的盲人所创造的。童年时，父母因她的

先天性白内障而抛弃她，但姥姥留下了她，并给予她全部的爱。姥姥用尽全部心力来培养她、教育她、磨炼她，是姥姥的支持让这位从小失明的孩子勇于面对困难，勇敢而坚强地一直走来。

实际生活中，她并不像大部分人想象的那样没有乐趣，在与人交往的过程中，她是一个乐观开朗、爱好广泛的人。她游泳考过了深水证，跆拳道晋升到“黄带”，她还喜欢弹钢琴，骑独轮车，喜欢猫，也喜欢画猫。

但作为一名盲人钢琴调律师，她在刚开始找工作时却处处碰壁，几乎所有人都不相信盲人还会调音。一架钢琴，八千多个零件，闭着眼睛一一触摸，再调出精准的音律，这听起来似乎是件不可能完成的事啊，但她最终却把这种不可能变成了可能。她凭借自己坚韧执着的精神、熟练的技术、严谨的工作态度，最终赢得了客户的信任和肯定，开创了事业的新天地，成立了中国第一家盲人调律网。

阴影的存在并不可怕，因为它恰好证明了阳光的存在。而且世界上没有无边的黑暗，只要拥有坚强的毅力和不惧黑暗的勇气，终究会看到黎明时喷薄而出的太阳。事例中的这位盲人并没有因为自己视野的盲区而在黑暗中惊慌不知所措，更没有因此而沉沦，而是尽力展示了人生的绚丽风采。

诗人顾城的一首诗中有这样一句话：“黑夜给了我黑色的眼睛，我却用它寻找光明。”的确，身处黑夜困境并不可怕，可怕的是丧失斗志、放弃希望。人生的成功与否，其实在于心境，在于我们能否在黑夜中寻找光明。事实上，黑暗中我们还有很多事情可做，要从容，要淡定。

海伦·凯勒是一个生活在黑暗中却又给人类带来光明的女性，一个度过了生命的88个春秋，却熬过了87年无光、无声的孤独岁月的弱女子。

然而，正是这么一个幽闭在盲聋哑的黑暗世界里的人，用顽强的毅力克服生理缺陷所造成的精神痛苦，竟然成为哈佛大学的毕业生，并在大学期间就和老师合作发表了她的处女作《我生活的故事》，讲述她如何战胜病残。这本书给成千上万的残疾人和正常人带来鼓舞，被译成50种文字，在世界各国流传。

后来，凯勒到美国各地，到欧洲、亚洲发表演说，为盲人、聋哑人筹集资金，建起了一家家慈善机构，为残疾人造福，被美国《时代周刊》评选为20世纪美国十大英雄偶像之一。

第二次世界大战期间，凯勒又访问多所医院，慰问失明士兵，备受人们崇敬。1964年，她被授予美国公民最高荣誉——总统自由勋章，次年又被推选为世界杰出妇女。

所有的光明和黑暗其实都可以在转瞬之间调换，要坚守住自己的信仰和目标，用自己的实际行动来迎接曙光的到来。

事实上，我们每个人就好像是一叶扁舟，面对浩瀚的大海，显得如此渺小、孤独和迷茫。然而，每个人的心灵救赎最终还是要靠自己。我们依然要有所期待、有所探寻，期待熬过黎明前最冷、最暗的黑夜，用自己的双手赢得未来。

在光明下欢笑是一种本能，而在黑暗中欢笑则是一种品质。学会在黑暗中探寻光明吧。

07. 将过往边走边忘，一路向前

有人说，淡忘是一个坏名词，因为它意味着对过去的背叛。有人说，淡忘是一种好态度，因为它会让人一直快乐向前。其实，这些人的理解都存在一定的偏差，没有真正理解忘却所带来的力量。

已经发生的事情，没有人能够让它重来，唯一能做的就是汲取过去那些有意义的成分，最终让过去的事情变得有价值。世界上有一种东西，在你拥有的刹那，其实已经失去。换句话说，很多时候，放弃并不意味着失去，反而是另外一种获得。所以，有时候请试着淡忘，你将走出那片心灵的沼泽。

东晋大诗人陶渊明向来被世人奉为安贫乐道、高洁傲岸的精神典型，一段《五柳先生传》便足以为证。

“环堵萧然，不蔽风日；短褐穿结，箪瓢屡空，晏如也。常著文章自娱，颇示己志。忘怀得失，以此自终。”

想当初，那不为五斗米折腰的陶潜也曾有过报效天下之志。13 年的仕宦生活是他为实现“大济苍生”的理想抱负而不断尝试、不断失望，终至绝望的 13 年。他终究赋《归去来兮辞》，挂印辞官，彻底与上层统治阶级决裂，不与世俗同流合污。对于所谓的世事得失，怎一个潇洒了得。

回归故里后，陶渊明一直过着“夫耕于前，妻锄于后”的田亩生活。初时，生活尚可“方宅十余亩，草屋八九间”，“采菊东篱下，悠然见南山”，虽简朴，却乐在其中。

后住地失火，举家迁移，生活便逐渐困难起来。如逢丰收，还可以“欢会酌春酒，摘我园中蔬”，如遇灾年，则“夏日抱长饥，寒夜列被眠”。然而，其安然于得失的本色，丝毫不改，稳于心中。

陶渊明的晚年生活愈加贫困，却始终保持着固穷守节的志趣，老而益坚。南朝宋元嘉四年（427）九月中旬，神志尚清时，他为自己写下了《挽歌诗》三首。在第三首诗中末两句说：“死去何所道，托体同山阿。”如此平淡自然的生死观，情也飘逸，意也洒脱。

不能说陶渊明的生活没有烦恼，辞官后的他要依靠着自己的力量生活，这其中的艰辛可想而知。但是他并没有让所谓的烦扰来冲淡自己的快乐，而是选择了忘却过去的方式让自己更加坚强。

印度诗人泰戈尔说过这样一句话：“如果你为失去的太阳哭泣，那么你也将失去星星。”人生不如意常十之八九，要想让自己快乐，就必须学会忘记。人生需要拿得起，更需要放得下。生气是拿别人的错误来惩罚自己。总是不忘别人的坏处，受伤的终归是自己，只有学会忘记，才能快乐轻松。

尤利乌斯是一个画家，他生活得很快乐，画出来的画也全都是快乐的世界。唯一令他偶尔伤感的是没人买他的画，但这种悲观的情绪一会儿就被他忘记了。

有一天，他的朋友劝他说：“玩玩足球彩票吧！幸运的话，只需花两马克就能赢很多钱。”于是，尤利乌斯就花了两马克买了一张彩票。他很幸运，一下就中了50万马克。

他很高兴，立即买了一幢别墅并对它进行了一番装饰。身为艺术家，他很有品位，他的家里一时间多了很多昂贵的东西：维也纳柜橱、佛罗伦萨小桌、阿富汗地毯、迈森瓷器，还有古老的威尼斯吊灯。

尤利乌斯很喜欢自己的新房子，从此他便常常很满足地坐在地毯上，点燃一支香烟，静静享受他的幸福。有一天，他突然感到很孤单，想去看看久未谋面的朋友。他像原来一样，习惯性地把烟蒂往地上一扔，甩手就出去了。未熄灭的香烟不一会儿就引燃了华丽的阿富汗地毯、维也纳柜橱……几个小时后，别墅变成了火的海洋，被完全烧毁了。

朋友们知道这个消息后，都来安慰尤利乌斯。

“尤利乌斯，你太不幸了，我们很同情你!”他们说。“不幸？为什么？”他问。“你那幢几十万的别墅失火了！尤利乌斯，你现在什么都没有了。”“什么呀？不过是损失了两个马克而已。”尤利乌斯答道。

烦恼总是在出其不意的地方出现，没有人知道它会什么时候到来。对于生命赐予我们的这些“不经意”的礼物，选择淡忘其实是一种最为明智的行为。要知道，天使之所以能够在高空中飞翔，是因为她有双轻盈的翅膀。当给她的翅膀系上了多余的东西，她就可能再也飞不远了。

我们也应该如此，只有及时淡忘那些多余的负担，淡忘那些旧的恐惧、旧的束缚、旧的创伤，又或许是你犯过的错误、你说过的错话、那些让你愤恨的人……这样，你才能获得身心上的轻松，轻装上阵，迈出新的步伐。渐渐地，你会发现生活中的美好，也会慢慢接近真正的成功。

第七章

一个人走到山穷水尽时，还能坚持下去，才算真优秀

很多人都渴望优秀，但走着走着，就停顿了下来。
原因是碰到难题了，动摇了，退缩了。
一个人要想变得优秀，就要有“熬”的韧性。
只要选择是正确的，合适自己的，那么就该熬下去，
即便曾遭众人反对，即便你只是一个人！
人的信念是很强大的，它所爆发出来的力量，足以征服一切。
你会发现，所有的绝路之后必有生机。

01. 走少有人走的路

在每个人的心灵深处，都隐藏着渴望被他人认可的愿望。但总是有一些时刻，自己所做的事情不被别人理解；总有那么一些人，觉得应该走早就被规划好的道路，选择其他就是离经叛道。

当自己的梦想被告知是白日做梦的时候，当自己的努力被贬低得一文不值的时候，请千万不要轻易地放弃或者怀疑人生，因为此时的你正处于人生的十字路口。对于一个人来讲，最迷惘的时刻不是身后的悬崖，而是正处于选择的十字路口。这种选择往往让人无所适从。在这个时候，人的内心往往也是最软弱的。当他人告知这是一条不归路的时候，大部分的人也开始选择了人云亦云，最终泯然众人。

约翰从小跟着父亲长大，他的父亲是一个马戏团的工作人员。在很小的时候，约翰就只能跟着父亲东奔西跑，不停地更换学校。

在一所学校的作文课上，老师给出的题目是描写自己长大后的理想。小约翰十分地兴奋，他洋洋洒洒写了七张纸，描述他的宏大志愿，那就是想拥有一座属于自己的牧马农场。为了让这一切看起来更加的真实，小约翰甚至仔细画了一张200亩农场的设计图，上面标有马厩、跑道等的位置，然后在这一大片农场中央，还要建造一栋占地400平方米的豪华别墅。

约翰花费了很长的时间来完成这个作业，将作业交给了老师。原本期望得到老师表扬的小约翰将自己的作业本拿回以后大吃了一惊。在作业本的第一页上，老师打了一个又红又大的F，旁边还写了一行字：“下课后来见我。”

心中充满疑惑的他下课后带了报告去找老师：“为什么给我不及格?”

老师认真地回答道：“你现在还很年轻，不要老做白日梦。你没钱也没有显赫的家庭背景，什么都没有。要知道，盖座农场可是个花钱的大工程，你需要花钱买地、花钱买纯种马匹、花钱照顾它们。”老师然后接着又说：“如果这次你肯重写一个实际的志愿，我会给你打你想要的分数。”

小男孩回家后反复思量了好几次，然后向自己的父亲征求意见。父亲只是告诉他：“儿子，这是非常重要的决定，你必须自己拿主意。”

再三考虑几天后，他决定原稿交回，一个字都不改，他告诉老师：“即使不及格，我也不愿放弃梦想。”

几十年后，这位老师收到一份来自农庄的邀请函，农庄的基本设计就是约翰的那份作业，而农庄的主人就是曾经的小男孩约翰。

否定我们的人或许有着丰富的生活经验，也或许是一个行业内的带头人，但是他们永远无法替代我们的思考。身处十字路口，每一次选择都是一场冒险，但是这种危险值得冒。能让人最终依靠的不是别人，正是自己。

在选择的岔路口，要有独立思考的精神，要有属于自己的见解。

生活中，很多人会因为桌面的摇晃而无可奈何，但有几个人想过解决这个问题呢?

三十多岁的安德鲁·戈登最开始只是一名普通的英国人。一个极其偶然的机会，戈登发现酒吧的桌子下面垫着几张餐巾纸，这不禁引起了戈登的好奇。

服务生为了让那些稍微有些摇晃的桌子更加平稳，在桌腿的下面垫上了几张餐巾纸。戈登觉得这是件很有意思的事，他由此开始思考：可不可以发明一种小装置，专门用来调整桌腿长度，以达到平稳的目的。这样不就节省了餐巾纸了吗？于是，戈登开始把自己的全部心思都用在了可以保持桌子稳定的小发明中。几经试验，戈登将他的小装置进行了改进，将其命名为“桌子防摇器”，并且在实际的使用中效果相当的不错。

2005年，戈登兴奋地报名参加了英国广播公司（BBC）商业台的创意商机节目。戈登的原意也就是通过这个节目向人们展示他的发明，并且找到合适的投资人。当戈登拿着他的装置，向评委们解释这一独特的发明时，评委席上爆发出一阵善意的笑声。节目主持人说，这是他听到的最荒诞的想法，有人甚至戏谑地把这一创意称为“世上最可笑的发明”。

评委的否定并没有让戈登放弃，甚至成为了他一定要把这件事情做成的动力。他选择了将这项小小的发明推向市场。在没有采用大规模广告宣传的情况下，“桌子防摇器”短短一个月内就在网络上获得了超过百万次的点击率，人们纷纷表示要购买这种家庭所必需的小东西。

戈登凭此赚取了数百万英镑，那些曾经说他的发明一无是处的人也都自觉闭上了嘴巴。

世上没有任何一种东西可以让所有人都满意，在人生的道路上，被指指点点甚至被完全否认是很正常的事情。每个人都是这个世界上独一无二的，并不会因为别人的一句否定就有所改变。

经常瞻前顾后，因为他人的一句否定就左右摇摆的人看似有很多种选择，其实是最没有选择的，因为在他内心的深处，已经无路可走。

明白了这些，你就该相信，与其让他人左右自己的未来，倒不如遵从自己的内心，慢慢走出一条新的道路。打个比喻，这就像你在山脚找到了一条路，慢慢爬到山顶的过程中，最初你是不会被人发现的。但当你到了山顶，别人会发现山顶有这么一个人，然后大家也会想去爬爬这座山。

就从现在开始，慢慢调试自己吧。

02. 能成为导师的那个人，只能是自己

在热映的励志电影中，总有一个导师的角色，而这个角色的最重要的任务就是答疑解惑。具体说来，就是主人公在人生成长中遇到困难的时候，他是负责消除困惑的那个人。现实不是电影，但在每个人的成长历程中，一样会遇到各种各样的困惑。这时候，谁会是你答疑解惑的导师呢？

你的导师可能是父母、朋友、领导，等等，但是，最好的导师其实是你自己。

在法国，有一位少年，他的名字叫皮尔。他从小就喜欢舞蹈，人生最大的梦想就是成为一名优秀的舞蹈演员。可事与愿违，皮尔的家境非常贫寒，家里没有足够的钱提供给皮尔让他去舞蹈学校学习。于是，家里只能送他到一家裁缝店里当学徒工，一方面希望他学到一门能够养活自己的手艺，另一方面也想让他赚点钱好补贴家用。

一心想成为舞蹈家的皮尔非常地伤心，但是也只能接受这个事实，只得

极不情愿地学习缝纫的基本技能。在当学徒的日子里，皮尔一直很困惑，心里一直非常不甘：“难道我的理想就这么夭折了吗？难道就这样一辈子做一个与布料打交道的匠人了吗？”他甚至极端地认为，如果真的要这样痛苦和违心地活一辈子，还不如早早结束自己的生命。

就在这种困惑和痛苦几乎要把皮尔燃烧的时候，他想起了自己从小就崇拜的著名舞蹈家布德里，于是决定给布德里写一封信。在信中，他阐述了对舞蹈的热爱。在信件的最后，皮尔写道：“如果您不肯收我这个徒弟，我只好为艺术献身跳河自尽了。”

很快，布德里给皮尔回了一封信。在这封信里，布德里并没有提及收皮尔做学生的事情，而是讲了一段自己的人生经历。在布德里小时候，他最大的梦想是当一名科学家。同样是因为家境贫寒，他只能跟一个街头艺人过起了卖唱的日子。

在艰难的岁月里，他非常苦闷和困惑，但是，如果面对困惑就此放弃，那么将是一种极其不理智的行为……最后，他说：“人生在世，现实与理想总是有一定的距离，正是因为如此，人们面对困难，才会不断去思考，在理想与现实生活的角斗中学会如何生存。”他告诉皮尔，“一个连自己的生命都不珍惜的人，是不配谈艺术的……”

皮尔看到信件后猛然醒悟到自己的自私和鲁莽，布德里的信件已经打消了他心目中的困惑。后来，他非常努力地学习缝纫技术，努力将做衣服这一件事做到极致。从 23 岁那年起，他在巴黎开始了自己的时装事业。很快，这个年轻人便建立了自己的公司和服装品牌，而品牌的名字叫作皮尔·卡丹。

在人生的很多时候，我们会遇到和皮尔一样的困惑。每当这个时候，有人就陷入了极端，仿佛前面横亘着一道无法逾越的高墙。这时，不妨让自己的内心平静下来，认真思考是什么导致了这样的现状，如果依然没有结果，那就应该换一种思维方式，直接将困惑放置在一边，将眼前力所能及的事情做好。或许，用不了多久，那些曾因为困惑而产生的危机已经被消除干净。

其实，如果没有困惑，人就很难愿意去思考。只有在困惑的压力之下，人们才会重新去审视自己所处的环境，然后衡量自己的条件，并且做出最有利于自己的选择。而科学家们发现，那些从小喜欢追问问题本源的孩子在后来的成长中往往具有较强的创造性，而这也正是人类不断进步的重要原因。

一只老鹰不小心将自己的蛋掉到了鸡窝里，恰巧这个时候，母鸡正在孵小鸡。当从蛋壳里出来的那一天起，小鹰就发现了自己和小伙伴们并不一样：它的羽毛看上去一点也不柔软，总是脏兮兮的感觉；它不会用泥灰为自己洗澡，也不能轻易从土里刨出一只虫子。随着自己身体的快速成长，矮小的鸡棚总是碰到它的头，而小鸡们总是合伙欺负它。

在这样的环境里，小鹰感受不到丝毫的认同感，它对自己的身世感到困惑，对自己的未来感到迷惘。于是，小鹰独自跑到了悬崖边上，想要跳下去结束自己的生命。但是，当它纵身一跃的时候，竟本能地展开了自己的翅膀，飞上了天空。这时的小鹰才发现：自己原来是一只可以在天空翱翔的雄鹰，鸡窝和虫子并不属于它。在天空中的鹰为自己曾因为不是一只鸡而带来的种种痛苦惭愧不已。

在人生的种种困惑中，最常见的原因就是对自己的定位不明确。繁杂的世间，有时候我们很难找到自己想要的，或者说自己现在拥有的与预期中有着太大的差距，困惑由此产生。在困惑和迷茫的时候，重要的是保持住自己的本心，明确自己的定位，这是穿越迷惘和困惑的绝好利器。

是的，只有那些找准自己方向的人才不会迷惘。

鉴于此，当你整日为了销量忙忙碌碌、为了市场四处奔波、为了业绩疲于奔命，结果却是销量下滑、市场疲软、业绩无增的时候，你是不是应该静下心来，认真想一想自己的工作方向是否正确？比如，目前做的是否是对销量增长无益的事情，开发的是否是早已被公司舍弃的市场……

在人生的道路上，勤勉和努力固不可少，但不管到什么时候，方向比速度更重要。所以，在实现人生目标的过程中，我们一定要随时思索最根本的方向性问题，明确自己该怎么走，把人生路径逐渐导向一个正确的方向上。这样虽然开始时会走得慢一些，但最终会走得准、走得快。

03. 走自己的路，看自己的风景

在最初的时候，很多人都有着自己的梦想，希望能够在这个世界上突出重围，留下自己的足迹。但是从事实上看，绝大多数人的足迹都早已经被设定好了范围。而那些有特色的、不愿意跟随的人最终都成了人生的赢家。他们或许并没有取得多少钱财或者多高的权位，但是他们至少获得的是自己想要的，凭此一点，这些人的一生就没有多少可以悔恨的了。

很多人都羡慕那些背包到处行走的人，但是又有多少人将这种想法付诸行动呢？曾经有这样一个人，他是南开大学毕业的，在大学毕业之后没有选择去固定的公司上班，而是带着自己的旅行包，踏上了行程。其实，他和众多的刚毕业的大学生一样，他对于人生、对于事业十分迷惘，一时间也看不到自己未来的方向。但是大四的一次毕业旅行让他对世外桃源般的自由生活深深着迷了，从此便一发不可收。

他大学毕业后，虽然也能够抽出时间进行自己热爱的背包旅行，但是总是觉得缺少点什么。而三个在旅途中受到的刺激促使了他从业余背包客到职业旅行家的转化。第一个刺激是在阳朔，当时他第一次接触到了那些半年在阳朔开店、半年在外面旅行的人后，他发现人还可以选择那样的生活方式。第二个刺激是他在巴黎到瑞士的火车上，邻座的一位老人和他聊天时说起年轻时曾经去过的地方，最后感叹人生还有太多的地方、太多的风景值得欣赏。第三个刺激是他在一个小国家安道尔旅行的时候遇到一个年轻人，这个年轻人在欧洲已经一年半，每个地方都待上三个月，依靠着打工和赞助来支持自己的旅游费用。这些旅途上的遭遇，让他意识到休假式的旅行只能是走马观花，于是他辞去了工作，开始了职业旅行的生涯。

他在一次采访时说："我从三毛、格瓦拉、凯鲁雅克这些前辈旅行家身上获得关于旅行的梦想，我想告诉那些走在我身后的年轻人，人生不只是房子、车子，应该还有另外一种可能。自由与梦想，虽然看似遥不可及，但只要坚持，就不是空中楼阁。"

在职业的旅行中，他首先兼职打工，后来逐渐开始为媒体供稿。随着网络的发达，一些航空公司以及其他厂商也逐渐开始提供赞助，支持他继续走下去。而他的经历也已经鼓励着越来越多有理想和有能力的人去奋斗和尝试。

他的成功，可以看作是他这么多年来坚持自己的道路的回报。这种坚持就是一直走自己的道路，即便得到的是旁人无法理解的目光，但是只要坚持下去，成功迟早会到来的。其实，规矩只是一种标准、法则和习惯，只知道遵循标准和常理的人总是规矩的最忠实执行者。这样做当然可以避免很多不必要的误区，但是他们注定了要踏着别人的脚印走路。只有走出自己的道路，人生才会大不同。

但是，要想完全生活在属于自己的生活中，走出自己的人生道路，并不是一件非常容易的事情。它是一个艰难的抉择过程，不仅需要智慧，而且还需要魄力和勇气。

美国诗歌历史上有一位非常著名的诗人，他的名字叫惠特曼。1854年，他出版了自己的诗集《草叶集》。这本诗集热情奔放，冲破了传统的格律束缚。这本诗集的出版让当时著名的文学家和文艺评论家爱默生激动不已，爱默生认为这是完全属于美国人民的诗歌。

爱默生的推荐让这本《草叶集》立即获得美国国内的关注，但是惠特曼创新的写法、不押韵的格式以及新颖的思想内容一时间并不为当时的大众所接受。第一版的《草叶集》并没有因为得到爱默生的赞扬而变得畅销。

一年以后，惠特曼自己又印刷了第二版，在这一版中，他加进了20首新诗。但是这一版同样是叫好不叫卖，依然没有多少人买这本诗集。

五年以后，惠特曼准备出版第三版的《草叶集》，在这次出版中，爱默生竭力劝说惠特曼取消其中几首刻画“性”的诗歌，不然这本诗集依然不会畅销。但是惠特曼拒绝了爱默生的好意，他表示《草叶集》是不会被删改的。在惠特曼的眼中，被删减过的书是世界上最肮脏的书，因为删减意味着投降和妥协。

结果，第三版的《草叶集》出版获得了巨大的成功。这本诗集不仅风靡了全美，也传到了世界各地。

每一个人的成功其实都是对自己生活的坚持。走在成功的路上，有人质疑或反对并不重要，也无须在意，重要的是自己能否坚持走自己的路。走出一条属于自己的路，活在属于自己的生活之中，即使走得慢一些也没有关系，因为这样的人生最终会是真实和美丽的，也是无悔的。

04. 内心强大的人，才是真的强大

每个人都有自己的梦想，或许每个人实现梦想的过程各不同，但是我们在不断追求物质利益的同时，绝不能忘记精神上的给养。当一个人试图通过外界对他的评价来证明自己的时候，这只能说明这个人的内心还不够强大。真正的强者不是力量的崇拜者，而是一个内心强大的人。只有这样的人才能够在生活中泰然自若，宠辱不惊。只有这样的人才能够不为忧虑所困扰，坚定地向着自己的目标前行。

忧虑的诞生其实在某一方面就是内心的不自信，不相信自己单独解决问题的能力。当一个人产生忧虑的时候，也就是对自己目标不确信的时候。此时，赶走忧虑的唯一办法就是做一个内心强大的自己。

很多人说，上天是不公平的，这种看法是极为短视的。上天的公平，并不在于它让每个人都有着相同的境遇，而是在于人们在各种境遇之中，都同

样地有选择机会，让自己从忧虑中解脱出来。无论这个过程是快是慢，时间长还是短，只要能做到不忧，这就是一种莫大的成功。

小张是一个工作能力很强的人，在公司熬了三年就被领导从一个普通会计提拔为财务组的组长。这样的好事自然使小张十分得意，在上下班的时候都哼着小曲。但是小张这样的好心情并没有持续多久。

一位在公司工作很长时间的同事觉得小张的升迁给他的刺激很大。在他心里，这样好的机会让资历尚浅的小张获得，这中间肯定有什么猫腻。于是他对小张的态度变得十分尖刻，碰面的时候也是一副冷若冰霜的样子。在其他同事面前，他总是有意无意用伤人的言语来评论小张。

刚开始的时候，小张听到这些评论自然是怒火中烧，总是想办法在同事面前辩解。可是这样的辩解往往无济于事，甚至在办公室里小张都感觉到自己被同事们孤立了。他不想将同事关系弄得很僵，毕竟双方还是要有所往来的。在一番思索以后，小张决定用自己的实际行动来消除别人对他的困惑。于是，每当同事再传出对自己不利的流言时，小张都能够控制好自己的情绪，继续埋头工作。

就这样，小张顶着同事们的风言风语，在压力之下不断地提升着自己的业务水平，完善着自己的知识储备。没过多久，小张就出色地完成了一个项目，受到了公司高层的赞扬。这样一来，同事们对小张的质疑消失了，他们相信小张的工作能力确实是他胜任那个职位的最主要原因。

对于同事的质疑，小张最开始也产生过焦虑，一时间也没有良好的对策。起初，小张很困惑自己应该怎么去做。在受到言语中伤的时候，如果不让自己内心变得强大起来，那后果只能是让自己陷入绝境之中。小张选择做内心强大的自己，通过自己的实际行动让那些围绕在自己身边的忧虑消失。

能够解除忧虑的人并不是别人，而是自己。只有自己的内心足够强大的时候，才能够轻易地消除那些围绕在我们身边的种种困惑。

曾经有一位战功赫赫的将军，他在出征时带上了已经成人的儿子。即将冲锋的时候，父亲将一个插着一支箭的箭囊送给了儿子，并且叮嘱儿子："这是祖传的宝箭，佩带在身上，将会有无穷的力量，但千万不可抽出来。"

儿子注视着这个制作极其精美的箭囊，它是用厚牛皮打造而成，边上镶嵌的是泛着幽幽绿光的古铜，再看箭囊露出的箭尾，一眼便可以认出这是用上等的孔雀羽毛制作而成。儿子对这样的馈赠自然欣喜若狂，眼前仿佛看到了敌方主将中箭而亡的场景。

果然，佩带着祖传宝箭的儿子英勇非凡，在战场上所向披靡。当鸣金收兵的号角吹响以后，儿子一时被得胜的豪气冲昏了头脑，忘记了父亲给他的忠告。强烈的欲望驱使着他拔出了宝箭，试图看看这支祖传的宝箭究竟有什么特别之处。在抽出宝箭的刹那间，儿子惊呆了，原来这个箭囊里装着的是一支已经折断的箭。

儿子有些发蒙，他一直以为自己所佩带的箭是一支可以在危急关头拯救自己性命的绝世好箭，没有想到它却是一支断箭。儿子惊出一身冷汗，一直支撑着他的信念轰然崩塌，突然间就有些不知所措了。

就在他迷茫困惑的时候，一支不知从何方射来的箭要了他的性命。将军来到儿子的尸体面前，捡起那支断箭沉重地说："不相信自己的意志，永远也做不成将军。"

相信自己的意志，其实就是做强大的自己，在面临种种突遇的困惑时，能够相信的只能是自己。正如故事里的年轻人那样，每个人本身就是一支箭，若是想让这支箭变得坚韧和锋利，那就靠自己的努力，慢慢强大起来。

05. 纵使无人欣赏，也要努力绽放

人活一口气，这种气其实就是支撑人们能够不断走下去的梦想。当然，在现实社会中，谈及梦想好像是一个非常遥远的事情。但是一个人可以被剥夺财富、剥夺健康，甚至剥夺自由，但是永远无法被剥夺的就是梦想。

梦想没有卑微高贵之分，农夫梦想着自己家的母鸡一天下两个蛋，国王则梦想着让周围的国家臣服。有梦想的人是可敬的，因为那是完全属于自己的财富。但是在实现梦想的过程中，可能周围的一切并不会十分如意，可能会面临着意想不到的挫折和困难。有人将这些不如意看作是对梦想的毁灭，而有人则会将这视为实现梦想的阶梯。

被现实打弯了腰不可怕，可怕的是那根支撑自己的脊梁已经折断。只有屡败屡战，斗志才会一次比一次更强大；愈战愈勇，信心就会一次比一次更坚定。

有梦想很容易，实现梦想很不容易。综观古今，那些能够梦想成真的人，无一不是在实现梦想的道路上走得十分艰难，但是他们最终都挺下来了。

电影《光荣之路》讲述的是一名前女篮教练哈金斯到一所成绩很差的球队执教的故事。哈金斯是一个具有坚定意志的人，他决心在NCAA（National Collegiate Atbletic Association，全国大学体育协会）里面闯出名堂。而且他的思想非常开明，他并不以肤色区分天才。在他的篮球队里，需要的只是胜利。

在这一思想的指导下，哈金斯从现实中组织了一群非常有篮球天分的黑人学生作为自己球队的核心，开始了他艰苦的光荣之路。在最初的时候，这些球员不知道职业篮球和街头篮球的区别，而哈金斯总是不断地用梦想激励着他们不断前行。

在经过系统的训练以后，教练哈金斯坚定的信心感染了球队里的每一个人。这支球队一路披荆斩棘，最终一路闯进了决赛，最后在马里兰大学著名的Cole Field House击败白人先发的肯塔基，获得了1966年NCAA篮球比赛总冠军。这场比赛不仅捍卫了黑人的尊严，更具有划时代的意义，因为它使得美国大学篮球正式进入到了黑白共存的时代。

这并不是一个虚构的故事，而是在美国篮球史上的真实事件。这一事件从某种程度上可以说是重新定义了篮球这项运动。当然，推动这一切的就是梦想的力量。因为有梦想，教练才愿意接手一支上个赛季只取得寥寥数场胜利的球队；也正是因为有梦想，在街头打球的黑人球员愿意承受大量的训练和众人的白眼；还是因为有梦想，最终在决赛中，球队的白人运动员选择了服从教练指挥……

在梦想的照耀下，寂静的山谷里会有百合花的盛开，平凡的人生也会绽放出别样的光彩。在没有人给自己欢呼的时候，自己要懂得给自己加油；在没有人理解的时候，自己要做到坚持不放弃。

06. 不拘囿于眼前，不迷失于脚下

常常有人抱怨自己的一生不如意，总是遭受各种无端的挫折，而一旦陷入这样的一个循环，那么越来越多的不如意也就会如期而至。有很多人习惯将人生比作一场旅行，那些不经意经历的挫折，在很大程度上都可以看成旅行中的岔路，只有历经这些岔路之后，才能找到正确的前进方向。

当我们在荒野中迷失了方向时，应该感谢上天让你有了一份自救的能力；当我们在工作的时候，老板的训诫让你不再犯同样的错误。

熟悉瓷器行当的人知道，绝顶的瓷器是有着灵性的，它体现的是烧陶人的性格。有一位著名陶艺师以其20年来对陶艺的坚持与喜爱，并不断地向前辈、大师学艺，历经无数次的挫折和失败，最终形成了独具一格的作品特色。

在陶瓷艺术中，这位陶艺师是一名十足的“痴汉”，艺术已经完全融入到了他的生命之中。他总是强调自己的名字中带有火字旁，他也很在意这个火：“都说炉火纯青才能让瓷器摇曳生辉。”与传统的瓷器烧制方式有所不同，他通过改变火在窑炉中穿行的过程来烧制别具一格的瓷器。

在材料方面，他也采用不同于以往的柴烧方式，而更多地运用燃气窑、电窑等多种方式来保证他想要的温度。特别是他最钟爱的小口瓶瓶口的直径只有0.1厘米，工艺难度非常的高。根据这位工艺师的介绍，这样的瓶子通常来说，烧十个那九个都会以失败告终。可正是因为这样的工艺难度，才让

他往往要埋头于自己的工作室不断地寻求改进的方法。在他看来，正是这一次次的挫折让他不断地逼近完美，一次次的失败最终让他成型的作品散发着迷人的光辉。

这位陶艺师的成功是多方面的，除了看不见的天赋外，我们看到的是他的坚持。这种坚持来源于他对挫折的理解，来源于对成功信念的不放弃。即便烧制一个自己心仪的陶瓷作品成功率是如此的低，但他坚信自己能够有看到完美作品的那一天，最终他的作品慢慢接近完美。

在离别时，人们常常喜欢用“一帆风顺”来做最后的结语。但是自然界的常识告诉我们：只有风帆直面风浪的时候，才会扬帆远航。其实，那些人生中的挫折就是吹向风帆的风，只有坚持住，直面它，才有可能前行。成功后不偏离最初的梦想，受挫后不迷失坚持的方向，这也正是一个成大事者的气度。

出生在贵族家庭中的巴威尔·利顿爵士原本完全可以凭借着家族中的财富享受着自由自在的奢华生活，但是他最终却选择了写作这样一个职业。众所周知，职业写作并不像外人想象中那样清闲，它完全是一个苦差事，还经常需要熬夜，所以当时他的选择遭受到了众多人的质疑。很多人认为他完全是哗众取宠，觉得以前没有丝毫文学才华表露出来的他只是为了满足自己的好奇心，体验一下生活而已。但是，只有巴威尔·利顿本人才知道他坚持这样做是为了什么。

经过夜以继日的煎熬，巴威尔终于创造了自己的首部诗作《杂草和野花》。然而，这部凝结着他心血的作品却被当时的文学界视为毫无价值。一位文学评论家甚至讥讽道：“这就是真正的‘杂草和野花’，巴威尔那个家伙还真是自不量力，以为凭一句‘啊，美好的生活’就能够进入作家行列，实在是太可笑了。”

第一部作品的失败让贵族出身的巴威尔成了当时文学界最大的笑料，但是他并没有选择放弃，而是将他人的批评看作对自己的一种激励。于是，他继续埋头创作。过了一段时间后，他的首部小说《福克兰》问世了。令巴威尔感到沮丧的是，这又是一部失败的作品。在经过这次的打击后，一些看不惯他的人对他的嘲讽就变得更加肆无忌惮了，认为他根本不可能在文学上取得任何像样的成就。

可是连续两次的失败并没有让倔强的巴威尔消沉，他仍然笔耕不辍，坚持着继续写作。或许正是这种倔强让巴威尔的文字慢慢有了灵感。一年以后，巴威尔发表了自己的第三部作品《伯尔哈姆》。这部作品一问世，就得到了广大的评论家以及读者的好评，成为一本大家都津津乐道的好书。

从失败的阴影中走出来以后，巴威尔继续着自己的文学创作之路。在以后的作家生涯里，他又发表了许多优秀作品，并为广大读者所喜爱。

爱默生说：“每一种厄运，都隐藏着让人成功的种子。”在一次次的挫折中，巴威尔没有被挫折打败，而是在挫折中找寻到了正确的方向。

温室里的花朵即便再鲜艳，它也没有经历风雨后的残花有魅力，一个不历经挫折的人，很难体会到百转千回后柳暗花明的喜悦。

挫折是成长之中的常态，它让强者穿越迷雾，也让弱者无所适从。无论一个人有多么地不愿意面对挫折，但是要想成就一番事业，就必须学会在挫折中默默地忍耐，学会在挫折中渐渐地辨明方向，学会在挫折中慢慢地积蓄力量。展望未来自会苦尽甘来，犹如鲲鹏展翼，扶摇直上。

07. 最好有一股“痴”劲儿

“琢磨”是一个动词，更是一种态度。在我们身边，总有一些得过且过的人，而这些人有一个共同的特点，那就是凡事不爱琢磨，不愿意往深处想。真正的琢磨是什么意思呢？琢磨的原意是雕琢、打磨，比如对待文章反复加工、精益求精，或是对一件事情反复思索，让其更加完美。

在外人看来，善于琢磨的人其实就是有着一股超乎常人的“痴”劲儿，但是也正是这股劲儿才让敢于琢磨、善于琢磨的人得到了自己想要的东西。

说起好琢磨的典型事例，“推敲”二字的由来则常常被人提及。

据记载，诗人贾岛有一次骑着跛驴去拜访朋友李余，而他在一路上搜索诗句，终于得了两句觉得不错：“鸟宿池边树，僧推月下门。”在反复吟诵了几遍，他又想将“推”改为“敲”。他犹豫不决，于是在驴背上做推敲的姿势，惹得路上的人又好笑又惊讶。正在他想得入神的时候，跛驴冲撞了时任长安最高长官的韩愈的车骑。韩愈知道了原委后，不但不治他的罪，还和他一起想，最后认为还是“敲”字佳。

事实上，类似于贾岛这样的事例在我国的文学史上并不是个案，中国文人写作时字斟句酌的习惯一直是存在的。王安石有一首非常有名的诗，它的题名是《泊船瓜洲》，诗作最初为：“京口瓜洲一水间，钟山只隔数重山。春风又到江南岸，明月何时照我还？”

写完后，王安石觉得“春风又到江南岸”的“到”字太死，看不出春风吹过江南是什么景象，缺乏诗意，想了一会儿，就提笔把“到”字圈去，改为“过”字。后来细想一下，又觉得“过”字不妥。“过”字虽比“到”字生动一些，写出了春风的一掠而过的动态，但要用来表达自己想回金陵的急切之情，仍显不足。于是又圈去“过”字，改为“入”字、“满”字。这样反反复复改了十多次，王安石始终没有找到一个合适的词汇来表达那种感觉。在苦思不得结果的时候，王安石就走出船舱，准备观赏沿途的风景，顺便让脑子休息一下。或许是瞬间换了环境，王安石突来灵感，找到“绿”这个形象生动的词汇，也给我们留下了一首绝好的诗，同样也留下了文学史上的一段佳话。

这种字字计较的精神其实就是一种不断琢磨的精神，这种精神从古至今都较为稀缺，也是成大事者应该有的素质和姿态。

或许一个人没有过人的才华，但是只要他肯琢磨，抓住一切能够改进的机会，那么他同样能够取得成功。这种好琢磨的精神可能在外人看来是并不如天赋异禀者那么潇洒、那么敏捷，但是好琢磨的人的每一步走得都异常的沉稳。

对于成功者而言，机会永远不是被动地等来的，而是创造出来的。而这种创造恰恰来源于好琢磨，并且愿意琢磨的精神，正可谓“归来峰回路转时，笑看柳暗花明处”。

“牛仔大王”李维斯的西部发迹史同样充满坎坷、充满传奇。他的制胜“法宝”是每当遭受打击时，永不认输，敢于并且善于琢磨自己遇到的一切事情。

当年的李维斯像许多年轻人一样，带着梦想前往西部追赶淘金热潮，岂料被一条大河挡住了去路。苦等数日，被阻隔的行人越来越多，但都无法过河，人们怨声一片，陆续开始打道回府。“难道自己也要认输吗？不！既然大家都被大河挡住了去路，我何不摆渡呢?”很快，李维斯因摆渡获得了人生的第一笔财富。

由于到西部的时间比较晚，好的地方已经被先来者占据。李维斯好不容易找到一处合适的地方，刚准备开始淘金，便有恶汉走过来跟他抢占地盘。他不过理论几句，那伙人便失去耐心，一顿拳打脚踢。

“没有好的地盘，淘金的希望太渺茫了，这样下去什么都不会得到，难道回家吗?”想到这里，李维斯犹豫了一下，随即对自己说，“不！不！不能这样就认输。”看到淘金者们时常忍受没有水喝的痛苦样子，一个念头在他脑中一闪而过：“卖水！”

李维斯没日没夜地挖水渠，从百里之外将河水引入水池，然后，将水装进水桶里，开始卖水了。一时间，排队买水喝的人挤破了头，喝够了还要买回去一些储存起来。水总是供不应求，他的生意红红火火。

慢慢地，有人开始参与卖水的新行业了。再后来，卖水的人已越来越多，这样李维斯的生意很快就被瓜分了。这次，他依然没有认输，他看到淘金人成天在野外挖矿，裤子极易磨破，于是他收集了一些废弃的帆布帐篷，缝制成了裤子。这种裤子布料很厚、很结实，不容易磨破，非常受欢迎，这就是牛仔裤的由来。

李维斯从卖水中发现商机，最终又发明了风靡全球的牛仔裤。对于这样的人来说，无论他身处哪个时代，他都是最后的赢家，因为他有一颗不断琢磨的心。

你想成功吗？那就凡事多琢磨吧，慢慢琢磨一番，理清要走的路。

08. 给梦想一次开花结果的机会

在今天，不知道还有多少人依然坚持着自己的梦想，还有多少人依然坚持等待着梦想成真的那一刻。坚持说起来很简单，但其实是对毅力和勇气的极大考验，需要慢慢地熬下去，慢慢地去实现。

对于坚持的力量，用最实际的例子或许比语言更具说服力。

有这样一个女孩，年仅 14 岁的时候，由于家庭贫困，她便辍学了，在湖南益阳的一个小镇上卖茶。与其他卖茶人不同，当时一毛钱一杯的茶，她的杯子总是比别人家的大一号，所以卖得是最快的。

她 17 岁那年，依靠着自己在镇子上攒下的钱，她将卖茶的摊点搬到了益阳的市区，并且改卖当地特有的“擂茶”。制作擂茶是很麻烦的一件事，但是她凭借着自己的努力，很快便掌握了其中的技巧，她的茶摊前总是显得很忙碌。

20 岁，她的职业依然是卖茶，只不过是卖茶的地点从益阳搬到了省城长沙，以前的小摊也换成一间小门店。喝茶的客人进门以后，其服务周到，价格合理。除了喝茶之余，客人们还总是从这里买上一点茶叶。因为这里的茶叶品质很好，绝对不会出现以次充好的情况。

24 岁那年，她已经和茶打了十年的交道。而在这十年后，她在全国各地拥有了五十多家茶楼。福建安溪、浙江杭州一带的茶商提及她的名字，总是交口称赞，因为她从来不拖欠茶款，茶商也愿意将最好的茶卖给她这个懂茶之人。

这并不是她的终极目标，她最大的梦想就是让在原本习惯喝咖啡的国度里也能洋溢着茶的香气。随着社会发展速度的加快和各种新事物的层出不穷，总会出现一些一夜暴富的神话。但是她始终耐心地和茶水打着交道，耐心地与品茶的人打交道。她曾经说："我是个卖茶的，也永远是一个卖茶的，我一定会一条路走到底。"终于，在她30岁那一年，她把自己的茶庄开到了新加坡。现如今，她已经将自己的茶庄开遍了亚洲，她的坚持让她等到了梦想成真的那一天。

很多人羡慕这个女孩的成功，觉得她是赶对了时机，运气很好。其实很多人都忽略了一个最简单的道理，那就是坚持的力量。卖大碗茶的人有很多，最终能开上茶楼的人也不在少数，但是最终能够将一杯茶水卖上十几二十年的又有几个呢？

总会有投机取巧的人在寻求成功的秘诀，其实秘诀很简单也很难，就两个字——坚持。任何想要成就大事的人，成则是源于不断地坚持，毁则大多源于半途而废。"坚持"这两个字有人觉得很难，因为最终能够坚持下来的终究是其中的少数，而有人觉得简单是因为只要愿意，人人都能够做得到。

一个内心坚定的人往往不会在乎前方到底还有多少未知的困难，也不会在意自己还要坚持多长时间。在他们的眼中，坚持是最简单也是有效果的一种方式。

一次，英国首相丘吉尔被邀请到一所大学进行演讲，而演讲的主题又是有关成功。在演讲的当天，人们将礼堂围得水泄不通，因为有太多的人渴望从中汲取到成功的营养。

在演讲之前，全场掌声雷动。掌声过后，人们都翘首以盼。丘吉尔缓缓走向演讲台，慢慢地说：“成功的秘诀有三个……”说到这里便沉默了。场下异常安静，人们纷纷准备记录，看看丘吉尔能够说出什么富含哲理的惊人语句。“第一个，是绝不放弃。”话语坚定有力、简练精当。人们在兴奋中静听下文。丘吉尔接着用缓缓的语调说：“第二个，是绝不、绝不放弃!”全场在期待着，不知道丘吉尔葫芦里卖的什么药。“第三个，是绝不、绝不、绝不放弃!”丘吉尔大声地说。这几句话说完以后，丘吉尔穿上大衣，戴上帽子，离开了礼堂。在这个时候，整个礼堂异常安静，一分钟后，突然掌声雷动。

很多人经常感到不解，为什么很多成功者都资质平平，看上去并不那么聪明、那么能干？其实，专注者最聪明，原因很简单：那些看似愚钝的人有一种顽强的毅力，一种在任何情况下都心如磐石的决心。他们很少受到周围的诱惑，也不偏离自己最初的目标，坚持一步步地走下去。

这个世界有时候很吵闹，想要成功，就要学会静下心来，专注于某一项事业，内心不受其他欲望和诱惑的摆布。在坚持的过程中，虽然你可能会放弃很多机会，但是只要慢慢坚持下去，你就能做成你想做的事。

第八章

最好的未来，
往往经过最漫长的等待

等待是一个漫长的过程，这往往很折磨人的。
面对等待，有的人会哀叹抱怨，有的人会心急如焚，
有的人甚至干脆放弃。
殊不知，等待并不是索然无味，
凡事只有付出了努力再加上等待，才会有好的结果。
最好的未来，往往经过最漫长的等待。
这就好比一场漫长的暴风雨过后，终会出现绚丽的彩虹。
切记！要有耐心，学会等待！

01. 等待也是行走的一种状态

生活留给人们的往往是选择题，诸如在一个站台等公交车的时候会出现某一辆公交车迟迟不来的情况，一些人会选择坐上另一条路程更远的车，或者是宁愿花很长时间来倒车；在等电梯的时候，一些人会因为等电梯的人太多或者电梯迟迟不来而选择走楼梯上高层。可结果呢？不愿等车的人往往在到达目的地时发现自己绕了一个很大的弯，先前所等的那辆车已经提前到达多时；不愿等电梯的人在气喘吁吁地到达自己要去的楼层时发现，电梯已经上下运行好几次了。

这是生活中司空见惯的现象，其实也可以将其总结出一些道理：当遇到无法抵抗的坏事情的时候，静静等候机会比横冲直撞地寻找路径要有用得多。在“等不及”这样一个紧箍咒的摧残下，很多人在慌不择路中做出了错误的选择，当信心和耐心被逐渐消磨的时候，距离最后的目的地往往是越来越远。

《韩非子·外储说左上》中有一篇寓言，名字叫《释车下走》。寓言的内容是这样的：齐景公在外出巡游的时候，突然接到快马的奏报，朝中重臣晏婴生命垂危，恐怕等不及和齐景公诀别了。齐景公听到这个消息，立刻准备掉转马头返回到都城。还没等齐景公起身，传信的侍从又到了。景公说：“快驾烦且（拉的）那辆马车，让主管韩枢驾车。”跑了几百步，他认为马主管赶得不快，夺过缰绳代替他（赶车），赶了大约几百步，认为坐马车没有跑得更快，干脆下车去跑。

齐景公的举动或许可以解释为一时心急，但是在现实生活中，不安于等待，贸然行动的实例还在少数吗？在很多时候，人们总是不断地向前奔跑，非要把自己弄得遍体鳞伤。如果有机会能够回头仔细想想，很多努力其实是一种无谓的牺牲。而且，没有了等待，生活也就失去了原本的意义。

有一个年轻人和女朋友约好了时间在某个地方进行约会，他很早就到达了指定的地点，可是他又没有等待的耐心，开始逐渐变得烦躁不安，甚至有些气急败坏。在百无聊赖的时候，他开始抱怨自己的女朋友为什么不能像他一样早来，开始抱怨在今天选择约会是多么的失败。

就在这个时候，他的面前来了一位老者。“我知道你在此抱怨的理由，”老者说道，“只要你戴上这块表，当你遇到不愿意等待的事情时，就将时针转动一下，这样你就可以跳过当时的时间，想要跳过多久都行。”

年轻人听到这里异常开心，在表示过感谢后，他欣然接受了这个神奇的礼物。在老者走后，年轻人试着将时针向前拨动了几个小时，果然他期待中的女友就出现了。见到有实际的效果，年轻人十分开心，心想，要是现在能与女友结婚该多好啊。于是他继续转动时针，眼前出现的是他与女友一起在婚礼上的场景。接下来，年轻人在飞快地转动中看到了豪华的别墅、名贵的跑车、奢侈的食物……年轻人一圈又一圈地向前透支着自己的生命，到了最后，他发现自己老了，疾病缠身，唯一的等待便是他即将面临死亡的现实。

此时的年轻人非常懊恼：悔恨自己就这样匆忙地走完了自己的一生。万念俱灰的他试着将钟表的指针向回调了一下，奇迹出现了。他突然之间回到了最开始的时间，回到了他女友还没有来的状态。此时，年轻人的焦虑和不安消失了，他开始心平气和地看着眼前蔚蓝的天空，开始看着周围富有生机的一切，甚至觉得爬到他身边的甲虫都是可爱至极的。

做任何事情都很难一气呵成地完成，其中有一部分的时间必然要花在休整、分析和判断之上。等待不是消磨时光、无所作为、庸庸碌碌，而是对一个人意志的考验。不愿意静心等待的人，往往在生活中表现得都比较烦躁，无法享受到生命的乐趣，当然也就没有足够的耐心等待成功的到来。

事实上，等待也是行走的一种状态。

有一次，凯·本从偏远的农村搭车到城市，车到途中忽然抛锚。那时正值夏季，午后的天气闷热难当，这着实让人着急。凯·本询问司机，得知车子修好要用三四个小时，便独自步行到附近的一条河边。

河边清静凉爽，风景宜人，凯·本在河中畅游了一番之后，感到浑身的暑气全消，神清气爽。之后他躺在一片树荫下，迎着和煦的风，看着蔚蓝的天，听着婉转的鸟鸣，觉得此刻美妙极了，最后他又美美地睡了一觉。

等凯·本回来后，司机已经将车子修好了。此时已经将近黄昏，凯·本搭上车，趁着黄昏凉爽的风，直向城中驶进。尽管耽误了半天的时间，但是凯·本逢人便说："这是我平生最美妙、最愉快的一次旅行！"

在汽车抛锚又不能及早修好的情形下，别人可能会顶着烈日，气恼地抱怨车子怎么不能提早一分钟修好。而凯·本则利用这段时间安心地在河边享受了一番，如此，这次旅行变成了最愉快的一次。等待的妙处由此可见一斑。

如果说生命是一个过程，非常悲哀的一件事情就是一切不能够重来，最可喜的事情就是它不需要重新再来。在等待的时间里，走过的地方是永远不会再回头的。而在这段等待的时间里，完全不必急躁，泡上一杯香茗，慢慢地品尝，淡化急躁和浮躁，静心等待美好未来的降临吧。

02. 梦想只要能持久，就能成为现实

梦想之于人生就像灯塔之于航船，没有灯塔的指导，航船很难在黑夜里顺利进入港口，而没有梦想的青春同样很难说是完美的人生。有梦的岁月里，生活总是美好的。因为有梦的人永远不会孤单，在无人理解的时候，梦想其实就是自己最好的伴侣。

有人说，梦想是虚幻的，因为很多时候，梦想就是眼睛可以看见，但是嘴巴却吃不到的一张大饼。事实上，梦想更像是时时抽打着我们，提醒我们不断向前的鞭子。人们之所以会赞美梦想，其中一个非常重要的原因就是梦想会使人由浮躁走向踏实，由彷徨走向坚定，并慢慢地走向成功。

莫德克·布朗是美国棒球界最伟大的投手之一，而他一生的经历则可以完美诠释梦想对于一个人的成功是多么的重要。

在很小的时候，莫德克·布朗就立志成为棒球联盟的一名投手，但是他在实现梦想的道路上不得不历经更多的磨炼。在他还没有成为职业运动员的时候，他曾在一家农场里做工，右手不慎被机械夹住，最终导致中指严重受伤，食指也残缺不全。对于一名投手来说，失去手指意味着职业生涯还没有开始就已经结束了。要想成为一名出色的投手，如果在受伤之前还可以通过自己的努力来提高自己，在右手致残以后，这个梦想就变得遥不可及了。

但是莫德克·布朗并没有放弃梦想，他没有选择抱怨，而是从心底接受了这个不幸的事实，然后尽自己最大的努力学习如何用残缺的手指来投球。后来，他有机会成为地方球队的三垒手。有一次，当莫德克从三垒传球到一垒时，教练刚好站在一垒的正后方。当教练看到莫德克传出来的球快速旋转划出完美的曲线，落入一垒手的手套里时，不禁惊叹道："莫德克，你是天才的投手，你的控球能力实在太出色了，投出的高速旋转球，任何打击者都会挥棒落空的。"

的确如此，莫德克投出的球，球速之快，角度之刁钻，往往令打击者束手无策。就这样，莫德克将打击者一个个三振出局。他的三振纪录和胜投次数高得惊人，不久便成为美国棒球界的最佳投手之一。

事实上，正是因为他受伤而变短的食指和扭曲的中指使球的旋转产生了与众不同的角度和力道。莫德克的成功在很大程度上源于对梦想的坚持和等待。他坚持不懈地训练，他也在等待着一个梦想花开的机会。

拥有梦想的人是幸福的，但是在梦想成真前的努力是艰辛的，还往往需要经过一段漫长的等待。没有人能够随随便便地成功，没有梦能够轻轻松松地成真，守得住属于自己的那一份坚持，经得起外界对自己目标的质疑，慢慢熬下去，这样才能最终赢得成功的青睐，赢得别人的欢呼。

1940年6月23日，一位黑人妇女生下了她的第20个孩子。这是个女孩，取名威尔玛·鲁道夫。对于这个贫困的铁路工人家庭而言，多生一个孩子只是一个数字而已。

非常不幸的是威尔玛四岁那年，她同时患上了双侧肺炎和猩红热。这两种病中的任何一种都能够让威尔玛性命不保。顽强的威尔玛勉强捡回来一条命，但是她的左腿却因猩红热引发的小儿麻痹而变得残疾了。从此，幼小的威尔玛就离不开了拐杖。每当看到邻居家的孩子追逐奔跑时，威尔玛就显得有些郁郁寡欢。威尔玛曾经对母亲说："我的心中有个梦，不知道能不能实现。"母亲问威尔玛的梦想是什么。威尔玛坚定地说："我想比邻居家的孩子跑得快!"一向坚强的母亲得知她这个梦想以后，也忍不住落泪了。她知道孩子的这个梦想实现的难度将会非常大，除非奇迹出现。但是奇迹真的在人们的期盼中出现了，威尔玛不仅脱掉了笨重的保护靴，而且可以下地走路了。

13岁那年，威尔玛决定参加学校举办的短跑比赛。学校的老师和同学都知道她曾经患病的历史，并且直到此时腿脚还不是很利索，于是便都好心地劝她放弃比赛。威尔玛却决意要参加比赛。老师只好通知她母亲，希望母亲能好好劝劝她，放弃参赛的念头。然而母亲却说："她的腿已经好了。让她参加吧，我相信我自己的女儿，她能创造奇迹。"事实证明母亲的话是正确的。比赛当天，威尔玛靠着惊人的毅力一举夺得了100米和200米短跑的冠军，周围所有的人都开始对她刮目相看。从此，威尔玛爱上了短跑运动，想办法参加一切短跑比赛，在一次次的比赛中，不断提升着自己。

在取得一项项成绩之后，同学们不知道威尔玛曾经不太灵便的腿为什么一下子变得那么神奇，但是母亲知道女儿成功背后的艰辛。威尔玛为了实现比邻居家的孩子跑得快的梦想，每天早上坚持练习短跑，哪怕练到小腿发胀、酸痛也不放弃。

威尔玛的跑步生涯并没有结束，她逐渐跑出了美国，跑进了奥运会的赛场上。1956 年奥运会上，16 岁的威尔玛参加了 4×100 米的短跑接力赛，并和队友一起获得了铜牌。1960 年，威尔玛在美国田径锦标赛上以 22 秒 9 的成绩创造了 200 米的世界纪录。这一年的罗马奥运会上，威尔玛迎来了她体育生涯中辉煌的巅峰时刻。她参加了三项比赛，分别是 100 米、200 米和 4×100 米接力比赛，让人惊叹不已的是，她接连获得了三枚奥运金牌。

这是梦想创造出来的奇迹。一个人的一生中会有很多种梦想，但是很多人却不去珍惜、不去努力，最终让梦想随着自己的躯体一起走进了坟墓。

在有梦想的岁月里，珍惜那份来之不易的清醒和纯真，趁着脚步还利索，趁着斗志还没有丧失，请选择为梦想奋斗，为梦想等待，慢慢等待……

03. 遇见之前，一切都是为等待

品一壶好茶，得花一点时间和心思。烧开水，看着绿绿的茶叶在沸水中轻轻舒展开来，慢慢融入清水中，散发出沁人心脾的淡淡幽香……似乎所有美好的事物，总是需要沉下心来慢慢等待，急不得。

爱情，从来都是一件美好的事，却也是一件百转千回的事。席慕蓉曾说："为了与你相遇，我在佛前求了五百年。"每一段爱情佳话的背后，多多少少都蕴藏着一段美丽的等待。

是的，真正的爱情和长久的幸福，绝不是为了结婚而结婚的关系，也不是委曲求全的勉强结合，而是顺其自然，水到渠成。如果那个人没有出现，不要心急，或许他就在下一个拐角处等你。如果遇到了错的人，也不要丧气，相信上天的本意是为了让你在遇到对的人时，更懂得珍惜。

她是茫茫人海中的一个平凡女人，33 岁，未婚。每当独自一人的时候，她都不由得感觉到清冷和孤独。为了排遣寂寞，她不断地约会。可就像人们说的那样："孤单一个人的狂欢，狂欢一群人的孤单。"

从二十几岁时开始，直至现在，她的身边陆续出现过很多男人，可似乎每一个都不是自己想要的，真正的爱情宝盒，一直都深藏在心里，没有任何人打开过。

前几次的恋爱，都以失败告终。她也曾试着与对方磨合，适应彼此的习惯，努力说服自己欣赏对方的好，可心里的感觉却怪怪的。有时，她甚至不知道自己爱的究竟是眼前的这个男人，还是他对自己的好。她享受过奢华的生活，却怀疑这奢华背后是否有一颗真心。日子就这样过着，她的心变得越来越麻木。

后来，一位作家朋友问她："你对另一半的要求是不是很高，还是只想找个爱自己的人就够了？你是不能容忍对方的缺点，还是在他们身上不曾找到爱的感觉？"她反复思量着这些问题，而后明白，她所期待的是一份真正的爱情，不是单纯地被爱，不是奢华的生活，也不是相互取暖。只是，这份爱情什么时候才能出现，她不知道。

朋友告诉她："爱情可能会姗姗来迟，你要继续等待着。你要相信，总有一天那个人会出现，世界上的某一个角落总有一个人在等待自己，就像自己在世界的这个角落等待着他出现一样。"

爱情向来都是可遇不可求，否则就不会有那句"蓦然回首，那人却在灯火阑珊处"了。当缘分未到的时候，耐心地等着，不要急躁，不要委曲求全，不要刻意去找。单身意味着你足够坚强和有耐心，去等待那个值得拥有你的人。可以说，遇见之前所经历的一切都是为等待。

有一天，那个人走进了你的生命，你就会明白，真爱总是值得等待的。

04. 幸福是“熬”出来的

有人说，爱情很简单，因为每一对相爱的人都会说：“我爱你，我愿意为你付出所有。”

有人说，爱情很艰难，因为每一对爱人都会遭遇风雨，能够一直相扶到老，实属不易。

没错，相爱容易相守难。还记得结婚时宣读的那几句誓言吗？那不是几句泛泛的空话，而是一种承诺和责任。在爱情的旅途中，顺境和逆境、富有和贫穷、健康和疾病，总是不时交替。顺境时的爱很简单，无非就是相依相伴一起幸福；可逆境时的爱很艰难，它要你顶着暴风骤雨，搀扶着伴侣不离不弃。“爱”虽然只有一个字，却饱含着与对方共同承担责任和风雨同舟的信念与决心。

回顾自己与心蕊十年的感情之路，晓峰的眼角不禁湿润起来。他们 22 岁相恋，其间分分合合、曲曲折折，最终还是牵手走到了现在。

他的思绪又回到了那段因得肿瘤而充满了恐惧与绝望的日子。心蕊没有离开他，而是默默守在他身边，给他鼓励，有时，还陪他一起去医院，尽管辛苦，却没有丝毫的怨言。晓峰心里有感激，若没有她，自己早已心灰意冷垮掉了。有了心蕊，让他对未来重新充满了希望，每天都积极地生活。同时，他也为自己暂时没能给心蕊一份安逸的生活感到愧疚，他希望日后能够更好地补偿心蕊，做一个可以走动的大树，让她有个坚实的依靠，为她挡风遮雨。

提及那段往事，心蕊说："将来会发生什么，谁都无法预测。可这有什么关系呢？不管遇到什么，只要我们在一起一天，就要幸福着面对。"

十年过去了，他们一直相守着，有了温馨的家，有了可爱的孩子。这些年他们一同走过的岁月，让彼此深刻地明白：爱，就是风雨中的相守，就是平淡中的相濡以沫。

爱情不一定要轰轰烈烈，只要能在风雨中相守，在平淡中相濡以沫，就是一份难能可贵的财富。很多时候，通往幸福的路很漫长，也很"慢长"。若没有共同走过冰寒地冻的雪山，少了生死相依、相互搀扶的积淀，即便是拥有了，也未必长久。

美满的婚姻需要两人共同经营、共同成长，在漫长的岁月中互相搀扶、相濡以沫。所以，我们要明白，真正的幸福，往往来得没那么容易。很多时候，幸福是"熬"出来的，无论是在感情上，还是在生活上。

但愿所有人都能明白爱与幸福的真谛，爱与婚姻有幸福的味道，却也带着一份责任和义务。当你决定和对方一同走进生活的那一刻起，就要做好风雨同舟的准备。

将爱情进行到底，不是一句台词，而是一种承诺，一种对爱的执着和坚韧。

05. 留遗憾的美丽，停在这里

人生在世，很多人都在追求一种境界，那就是了无遗憾。但这明显是一种无法达成的目标。失败的人最愿意谈论的事情就是“想当初”，因为这样可以让人觉得他曾那么近距离地接触到了幸福。事实上，这种人没有认识到，对于他来说，最大的遗憾就是一直把遗憾挂在嘴边。

不可否认，遗憾是我们生活的一部分。对待遗憾的方式大致分为三种。

第一种是悲观型的，这种人对于遗憾总是一副悲观懊恼的样子。经历过一个小小的失败，或者是因为一丁点的小事、一次不起眼的疏忽，他就感觉到了生命的欠缺，然后就在这种欠缺下抱怨。

还有一种对待遗憾的态度，我们可以称为“冷血型”。面对失误甚至是错误，他们的反应往往是走向另外一个极端。他们仿佛是看破一切红尘俗事的大师，认为人的生活就是吃饭穿衣、生老病死。这种人的生活往往没有固定的目标，生活中也很难有激情，仿佛这个世界与他本人无关。

那究竟应该以一种什么样的态度来对待遗憾呢？最好的处理态度应该是“乐观型”。面对人生中无可避免的遗憾，如果只是悲观绝望，人的一生将会在重大压力下举步维艰。但是，如果将过往的遗憾看成一笔财富，并从中发现造成遗憾的原因，就能够从遗憾中发现闪光的部分。

遗憾与美好是相伴相生的。当遗憾过后，往往会催生出新的力量。试想一下，如果生活在一个没有遗憾的世界，那人们还能感受到幸福和成功吗？没有遗憾的衬托，那美好又如何体现呢？

在大学的一次同学聚会上，大家都喝了很多酒。借着酒意，一个女孩对男孩说：“你知道吗？其实在上大学的时候我就特别喜欢你。”男孩一愣，他接着说：“其实我也很喜欢你，但是一直也没有说。”“那你为什么不说呢？”女孩惊讶地问。男孩顿了顿，回答说：“你那时那么优秀、那么可爱，我想等你长大。”“那你为什么不陪我长大呢？”当时男孩就泪如雨下，因为这个女孩现在已经准备结婚了。

错过是一种遗憾，但是没有说出更是一种遗憾。生活不是电视剧，可以预知其中的结局。现实就是如此，如果不尽快采取行动，那就会错过很多，留下无尽的遗憾。很多事情在懂得珍惜以后，却往往成了往事。人生就是一列单行列车，没有人能在时光逝去之后从头再来。对于已经经历过的遗憾，努力向前，将遗憾化作前行的动力，这是调节心绪的法则，也是能成大事的一个重要法则。

一个老人买了一个精美的花瓶，并用绳子捆好背着回家。路上绳子断了，花瓶掉在一块石头上碎了。老人头也不回地继续前行。

一个过路的少年喊住老人，问他：“你不知道花瓶破碎了吗？”

老人回答：“我知道。”

少年又问：“那你为什么不回头看看？”

老人说：“已经碎了，回头看又有什么用呢？”

有一个词语叫“覆水难收”，人生中很多的遗憾就像一个破碎的花瓶、一盆倒出来的水，不管采取什么样的补救措施，都已经无法改变既成的事实。所以，我们不必回避，不必伤痛，也不应困在其中，而应以积极昂扬的精神风貌展示生命的美丽。慢慢熬下去，将会得到整个人生的快乐和满足。

06. 思念很忧伤，但也很美

无论是在书籍里，还是歌曲影视中，思念是亘古不变的一个主题。思念的范围很广泛，亲人之间、情侣之间、朋友之间只要情谊深厚，那分开后的思念是自然而然的。对于这种刻骨铭心的感觉，有人觉得痛苦异常，但也有人在痛苦中品尝到了美好。

记得有首诗曾经说过：“每一次的相聚都是为了下一次的别离。如果说情谊如酒，那思念就是酒曲。彼此之间的情感就是在双方的思念中不断发酵、提炼，最终成为最醇和最具味道的好酒。”的确，任何的别离都是一次无法复制的情感体验。一对情侣如果不经历分别，他们就不会知道彼此在对方眼中有多么重要；一对夫妻如果不经历两地分隔，就不会明白在一起时的不和是多么愚蠢。

只不过，这需要我们慢慢去发现，慢慢去体味，有时甚至需要一生的时间。

说起中国现代诗歌，一个不得不提的人就是徐志摩。即便是对诗歌不甚了解的人也会记得《再别康桥》里的经典名句，而徐志摩与陆小曼之间的爱情经常让人感到唏嘘。一个是豪门名媛，一个是倜傥才子，在外人看来这无疑是天作之合。事实上也正是如此，二人在结合后非常恩爱。但是，由于工作的关系，徐志摩不得不在一段时间里和陆小曼分开，一个在北平，一个在上海。

原本，徐志摩和陆小曼是有分歧的。由于陆小曼比较懒散，喜欢玩，又自恋，夫妻两人时有吵闹。但在分开的这段时间，徐志摩非常思念陆小曼，这种思念之情贯穿了他这一时期的创作。无论是正式发表的诗歌，还是私人的信件和日记，徐志摩都在用自己的语言表达着对陆小曼的思念，已经不能单单用痴狂来形容了。这是徐志摩一生中最痛苦的时候，也是他创作欲望最为强烈的时候。

其实对于任何一种创作活动，距离都是很好的催化剂。有了距离就会有思念，而将这种思念诉诸笔端或者画布之上，那就是最为真挚的作品。这是一种情感发泄的渠道，也是取得自我成功的一个砝码。

人们都在渴望着美好，但是美好的到来是需要代价的，这种代价就是能否经受住时间的考验。而思念之所以被认为是美好的，很大程度上就是因为在思念中可以给我们提供足够多的想象力，它总是把一切美好不断地储藏在记忆中，并持续不断地在今后的日子里回忆，品味着那丝丝缕缕的温馨。

“伴随着不尽思念而来的，必然是漫长的等待，”美国女诗人狄金森说，“等待一万年不长，如果终于有爱作为补偿。”能够痛彻心扉地思念一个人，穿越漫长的等待，守得云开终见日，真好！

07. 告诉自己，活着就该努力去追寻

追求是人一生中无论怎样都离不开的一种东西，它触摸不到，却深深埋藏在每个人的心中。有追求的人不一定会马上梦想成真，但他们往往不惧千难万险，在人生的路上不断地奔跑，不放弃地追求下去，结果往往一定会马到成功。

有人说，等我得到了我追求的目标后就幸福了。事实上，当一个人开始不惧一切地向目标前行时，幸福就已经来临，这就是追求者的幸福。与一些有信念却不敢尝试和挑战的人相比，勇敢迈出步伐的人已经是自己人生道路上的成功者。毕竟，人生最大的快乐不在于拥有什么，而在于追求的过程。

霍金是众所周知的大科学家，他在轮椅上生活了几十年，曾经写下过这样一段文字："我的手指还能动，我的大脑还能思考，我有终生追求的理想，我有爱我和我爱着的亲人、朋友，我还有一颗感恩的心。"

如此乐观、豁达的霍金并不是生来就坐轮椅的。在青年时期，他可是牛津大学公认的最有前途的明星学生，曾获奖无数。但是，在他大三那年，他突然发现自己身上出现了一种奇怪的症状，他的手脚一日不如一日灵活，而且走路时还会无缘无故地跌倒。

经过专家诊治，霍金悲伤地了解到，自己患上了卢伽雷氏症，这种病会让自己的肌肉慢慢地、持续不断地萎缩、硬化，并且无药可医。这就意味着，一向健康的霍金要拖着自己虚弱无力的身体在轮椅上度过下半辈子。

然而不幸并没有因此就放过霍金，全身瘫痪数十年后，身体虚弱不堪的霍金意外感染了肺炎。为了他的安全着想，医生不得不为他进行气管切开手术。手术很可怕，要在他脖子及气管上切一个口子形成通气孔，这样一来，霍金就再也不能说话了。

面对这样的困境，霍金依然没有放弃自己在学术上的追求。凭借着极其顽强的精神，霍金最终成为当今物理学界的大师，被誉为继爱因斯坦后最伟大的物理学家。

当生活的苦难和不幸接踵而至时，霍金没有向生活妥协，而是选择了继续追求自己的事业，积极地同命运进行抗争。可以这样说，强大的信念是霍金能够支撑到现在的重要因素。这种信念的背后其实就是对生活和学术的追求。因为这种追求精神，霍金是不幸的，但他又是幸福的。

在成长的道路上，很多人都会感到迷茫，不知道自己要不要迈出脚步。事实上，无论前方是平坦的大道还是荆棘密布的荒原，只要坚定了自己的目标，那就勇敢地去追求。那些敢于追求的人不管前方的道路有多么的艰险，都会坦然地去接受，因为他们知道人生就是不断追求的过程。

著名导演詹姆斯·卡梅隆的《泰坦尼克号》和《阿凡达》两部电影独占电影史上票房最高的电影第一名和第二名的宝座，创造出不可思议的票房神话。能够取得这样的成功，不仅是因为卡梅隆个人的才华，更是源于他对自己目标的执着追求。

拍摄《魔鬼终结者》时，卡梅隆还未成名。为了保证可以亲自导演自己创作的剧本《魔鬼终结者》，卡梅隆将这部电影连同它的续集一起以一美元的象征性价格卖给了他的制片人。而就是这样的举动使得他收获了自己导演的第一部上亿元投资的大片，也最终顺利走上了一线导演的行列。

拍摄《泰坦尼克号》时，由于前期投入的资金已达天文数字，他所服务的20世纪福克斯电影公司要求他缩减预算。追求完美的卡梅隆干脆地决定放弃导演加制片人高达800万美元的收入，甚至也放弃了日后分红的权利。以后来《泰坦尼克号》创下的票房，这更是一笔高达1500万美金以上的巨款。就这样，卡梅隆为了能够拍摄出自己心目中完美的电影，不惜放弃一切。在《泰坦尼克号》获得奥斯卡多项奖项的那个夜晚，卡梅隆说了一句话："我是世界之王。"

显而易见，卡梅隆的成功绝不是简单地用才华就能概括的。每一个从事电影工作的导演的心中都有着对艺术、对梦想的执着追求，但是极少有人会像卡梅隆这样，对自己的梦想有着强烈的信仰和坚持，并且矢志不渝地去追求自己的梦想。所以，卡梅隆成功了，很多人依然默默无闻。

敢于追求，不惧挑战，人生才有意义；敢于追求的人才是最勇敢的人，你敢吗？如果你放弃了追求，梦想再好，也会发霉腐烂。假若你此刻心中装有梦想，却碍于现实不敢去尝试与挑战，那是一件多么遗憾的事。如果你畏惧了，退缩了，你不是输给了别人，而是最先输给了自己。

记住，站在梦想的起点，当你勇敢去追求的时候，梦想才会有价值。但是，不是所有的种子都能长成大树，也不是所有的追求都能获得想要的结果。这需要你慢慢去等待，慢慢地积蓄力量，慢慢地提升自己，撑起一方蔚蓝的天空，开垦出一片神奇的土地，变得出类拔萃，令人刮目相看。

08. 成功并非一次，而是很多很多次

取得荣誉究竟是一件好事，还是一件坏事?

对于这个问题，相信每个人心里都有着不同的答案。但是有一点是确信的，那就是取得荣誉之后的生活将会面临着更大的压力，因为任何一项荣誉既可以看作是夺目的光环，也可以看作是缠绕在身上的“紧箍咒”。为什么是“紧箍咒”呢？因为有一些人取得荣誉后，便将大部分的时间和精力用来维护自己的荣誉，结果无心再提高自己，取得的成就就是有限的，无疑这是非常不理智的。

不过，对于努力的人而言，取得荣誉只是一件水到渠成的事情，并没有什么特别。在他们眼中，取得荣誉是一种对自己工作的认可，更是对未来工作的一种激励，会激励着他们不放松自己，继续提高自己，向更大的成功迈进。

被誉为“杂交水稻之父”的袁隆平的科研事业不仅解决了中国人的吃饭问题，而且为世界性的饥饿问题做出了突出贡献。杂交水稻是世界性的难题，

因为水稻是雌雄同花的作物，自花授粉，难以一朵一朵地去掉雄花搞杂交。这就需要培育出一个雄花不育的稻株，即雄性不育系，然后才能与其他品种杂交。袁隆平知难而进，他认为，雄性不育系的原始亲本，即自然突变的雄性不育株，也能天然存在。经过千辛万苦，他终于发现了一株雄性不育植株。1974年袁隆平配制种子成功，1975年大面积制种成功，1976年定点示范208万亩，在全国范围开始应用于生产，到1988年全国种植杂交水稻面积达1.94亿亩，占水稻面积的39.6%，而总产量占18.5%。

已经获得了巨大声望的袁隆平并没有选择躺在人们给予的功劳簿上，他知道自己还有很长的路要走。如今的袁隆平依然奋斗在科研一线，为能够实现水稻的更高亩产而劳作不息。他对周围的人说："我年纪已经大了，趁着还能干的时间就继续奋斗几年吧，真怕一旦歇下来就不能再干了。"

荣誉是一把双刃剑，对于那些一心追逐自己名誉的人而言，当得到荣誉的那一瞬间可能会有两种选择：紧紧握住已得的荣誉不放，或者将荣誉放在一边，继续从事自己的工作。对待荣誉的不同态度最终能产生很大的分歧。如果将荣誉比作一个节点的话，那对待荣誉的不同态度就是同一个节点下细分出来的两条截然不同的道路。

在荣誉面前，你是选择让鲜花和掌声埋没自己的斗志，安享已得的一切，还是将荣誉看作已经过去的事情，埋头希望做得更好呢？

不是每一粒种子都能发芽，也不是每一次的努力奋斗都能换得人们的认可。荣誉只是人们通往成功、完善自我路上的附属品。在追求成功的路上，有较早的荣誉，也有迟到的荣誉，甚至有很多默默无闻、最终被人遗忘的人群。

与其说获得荣誉是一种自我能力的证明，倒不如说是一种对自我的极大激励。说到底，荣誉只是证明以前，并不能证明以后。将荣誉当作一种鼓励的人往往能够做出更好的成绩，这将是一个极好的良性循环。

作家莫泊桑青年时期，有一天和老师福楼拜一起到湖边钓鱼。不一会儿有鱼上钩了，莫泊桑觉得这条鱼能做一盘不错的菜，便决定回家。没想到福楼拜却说："你应该把鱼放回去，从头再来。只要努力并坚持，就一定能钓到更大的鱼。"

莫泊桑只好把鱼放回湖里，他想也许再也不会钓到那么大的鱼了，但是结果他真钓到了一条更大的鱼，有十几斤重。

之后莫泊桑每写完一篇好的小说被人称赞时，他的眼前总会浮现出那次难忘的经历：钓到鱼放了，重新再来，准备钓下一条更大的鱼。

这个故事告诉我们，永远不要因眼前小小的成功而得意忘形，也永远别带着太多的荣誉上路。趁早一点放下，轻装上路，洒洒脱脱，慢慢地，你会钓到下一条更大的"鱼"，创造一个更好的自己。

第九章

请尽情地爱人，好像从不会受伤一样

关于爱，太多人只想从别人身上得到，
而不愿意自己先付出，因为担心被辜负、受伤害。
殊不知，真正的爱永远是付出，而不是索取，
也正因了这高尚的内涵，才更加让人敬佩和感慨。
请尽情地爱人吧，好像从不会受伤一样，无论过程多么难熬。
当你变得越来越有情有爱时，什么都会变得温暖，
变得真实，你的世界也会变得越来越温柔，
也终会冲破一切黑暗和荆棘。
也许这需要时间的积累，但总是充满无限希望的。

01. 交一颗真心，换一份真情

人世间什么最难得，不是别的什么，其实就是一份真心。

人们常说最难读懂的是人心，其实最容易交往的也是人心。无论是待人还是对事，虚情假意的人总是不讨人喜欢的，因为人们觉得会没有安全感。而越是真心的人，越是可爱可敬。只要我们能够坚守住自己的一份真心和善良，那将会变得无比强大。只要能够用一份真心去对待这个世界，那么也将收获大片的温暖和爱意。

在一个郊区的农贸市场里，有一位中年妇女的生意特别好，因此，相邻的摊主都特别忌妒她。于是，大家便联合起来想把她给赶走，常常有意无意地将成堆的垃圾扫到她的摊位周围。

大家原本以为这位中年妇女肯定会十分生气，但是没有料到的是，她竟然什么都没说，每次都只是微笑着把摊位周围的垃圾扫到摊位底下，然后在收摊的时候再将它们全清理到垃圾场。

她身边有些朋友看不惯了，便问她："你怎么这么傻呀，他们这是明摆着在欺负你，你就应该到市场管理处去告他们!"

中年妇女微笑着说："在我们老家那儿啊，大家每天都喜欢把垃圾堆在门后边，堆得越多就代表赚的钱越多，然后到晚上才把垃圾清理出去。现在每天早上都有人源源不断地把'钱'送到我这里来，我怎么会舍得拒绝呢?

更何况，你看我的生意是不是变得越来越好了呀！”

相邻的摊主听见了，都不好意思地低下了头，从这以后再也没有人往中年妇女的摊位周围堆垃圾了。

人们不会对一直微笑的人生气，也不会对付出真心的人视而不见。

印度著名诗人泰戈尔曾经写过这样一个故事。

有一位画家，他总是守在集市上，等待着有人来买他的作品。他的作品拥有很高的水平，每天都有很多人在集市上围观。有一天，来了一个孩子，他是当朝权臣的儿子。而那个权臣恰恰在年轻的时候欺骗过画家的父亲，最终让画家的父亲含恨而亡。画家想到了一个绝好的报复方式，他画了一张精美绝伦的画，这张画立刻吸引住了孩子的眼光。当孩子要购买那幅画的时候，画家却用一块布将画盖了起来，声称这幅画不卖。

权臣的孩子回到家里以后，对那幅作品念念不忘，甚至思久成疾。孩子的父亲也就是权臣只好亲自出面，表示愿意高价买画家的画。可是，画家宁愿把那幅画毁掉，也不愿出卖。他对前来买画的权臣说：“这就是我的报复。”

这位画家有一个习惯，那就是每天的早晨他都要画上一幅他信奉的神像，以此来表达自己的信仰。可是过了一段时间以后，画家突然发现一个奇异的现象，那就是他发现自己画的神像越来越不像以前的样子了。直到有一天，他突然发现自己刚画好的神像竟然是自己准备报复的权臣的样子。于是，他终于明白，当初自己给他人的报复已经回到了他自己的身上。

人的本心原本是清澈平和的，恰如一杯清水。而真心就是无色透明的玻璃盖子，如果丧失了真心，虽然看样子一时并没有多大影响，但时间久了以后，杯子里的水还是会被污染的。真心会传染，仇恨也能够遗传。当一个人丧失了当初他引以为荣的真心，那么他将成为自己都无法控制的恶魔。

真心是如此的珍贵，以至于很多人都在感叹真心难寻。但事实上，在我们的内心深处，真心一直存在，只是我们不愿意将它发掘出来，不愿意将它与别人分享。这就需要我们在繁华俗世中坚守住自己的真心，带着一颗真诚的心，没有半点虚假，没有半点伪装，真心实意地去付出。

播种真心就会收获真情，期待中，一切美好会慢慢呈现。

02. 带着炽热的心——爱，上路

爱心能够让一个人的人生更加有意义。爱的反面不是恨，而是漠然和自私。一个人如果没有了爱的能力，那他的生活将会死气沉沉，远离幸福。用爱心去温暖他人，不但自己不会有损失，而且会有新的收获。在正常情况下，给予别人的爱越多，那么从别人那里得到的也就越多。提高自己的爱心修养，可以让我们在繁杂的世间保持一份温暖和感动，同时也是在为自己建造心灵家园。

没有一个人能够脱离整个社会独自存在，每个人都有帮助别人的能力，也有需要他人帮助的时刻。守住自己的一颗爱心，不要让爱心园地荒芜，这样才能够让生命的质量得到提升，让成就一番事业变得更加简单。

爱心不能简单地归结为一种美德，它其实是人们心灵深处积极向善的回馈。守住一份爱心，既能够帮助身处困境中的人们，还可以使自己的修养得以提升。

一个寒冷的夜晚，一对夫妇来到了一间简陋的旅馆里。非常不幸的是，由于糟糕的天气，旅馆里早就已经客满了。“这是我们寻找的第 16 家旅馆了，这样的鬼天气，每个旅馆都是客满，我们该怎么办呢?”这对老夫妇望着外面呼啸的寒风无奈地说。

小伙计看着这对愁眉不展的夫妇，建议说：“如果你们不嫌弃的话，今天晚上就住到我的房间里去吧。我反正也要值班，等我休息的时候随便打个地铺就行了。”夫妇二人也不便再推辞。在第二天离开的时候，他们要求按照正常的价格支付房费，但是小伙计坚决拒绝了。

在临走之时，这对老夫妇说：“以你经营旅店的能力，足够可以当一家五星级酒店的总经理了。”“那敢情好！起码收入多些可以养活我的老母亲。”小伙计随口应道，哈哈一笑，认为这只是这对善良夫妇的祝福之语。

两年后的一天，这个旅店的小伙计收到一封寄自纽约的来信，信中夹有一张往返纽约的双程机票，这封信的邀请人就是当年睡在他床铺上的那一对老夫妇。

小伙计来到繁华的大都市纽约，老夫妇把小伙计引到第五大街和三十四街交会处，指着那儿的一幢摩天大楼说：“这是一座专门为你兴建的五星级宾馆，而总经理的人选在很早以前就已经确定了，那就是你。”

这是一个真实的故事，故事的主人公是著名的奥斯多利亚大饭店的经理乔治·波菲特和他的恩人威廉先生一家人。

真正的幸福并不取决于财富、权力和容貌，而是取决于一个人如何同周围的人相处。只有那些守住自己爱心的人才能让失衡的心态慢慢回归正常，让孤独的灵魂慢慢得以解脱。相信，在身处困境之时有人会为你放下绳索，在成就大事的时候有人会为你增瓦添砖。而这一切，你只需慢慢等待。

03. 温暖的笑容胜过了一切

善良是人世间最宝贵的财富之一，善良在我们的文化中有着举足轻重的作用。世界上并没有那么多的恶人，当与别人发生冲突的时候，不妨给予他人一个善良的微笑。一个温暖的笑容往往要胜过强硬的拳头。

当自己的利益与别人的利益发生冲突的时候，不要轻易采取冷漠的方式来武装自己，也不要总是试图用强硬的手段来证明自己的强悍。在冲突面前保持自己的一份善良，相信那些善良将会融化人们心头的寒冰。

著名京剧表演艺术家梅兰芳是一位德艺双馨的艺术家，他不仅在艺术上达到了很高的造诣，而且为人善良和气，受到了很多人的尊敬，有“白玉无瑕”的美名。

抗日战争胜利以后，在上海的一家小报广告中，出现了“艺人梅兰芳卖画”的字样，显然，这是有人在冒梅兰芳的名字赚钱。对于这种恶劣的行为，梅兰芳的朋友都十分生气，纷纷准备去那家报馆兴师问罪，并且准备揪出那个冒名者。

事情传到梅兰芳的耳朵里，他连忙制止了这种行为。梅兰芳对自己的朋友说，这个冒名者想赚钱不假，但是能够通过卖画来赚钱，想必也是有点本事的，估计也是个读书人，只不过是命运不济罢了。于是，梅兰芳的朋友们通过其他方式了解了一下这个冒名者的来历，果然和梅兰芳预料中的一样。

这种事情不仅仅发生在中国，西班牙著名画家毕加索也曾经遇到了同样的问题。毕加索对冒充自己作品的假画毫不介意，从不去追究，最多只是把伪造的签名除掉。对于他的这种做法，很多人表示不理解。毕加索说："做我假画的人不是穷画家就是老朋友，我是西班牙人，不能和老朋友为难，穷画家的日子并不好过。再说了，在书画界那些鉴定真迹的专家们也要吃饭，那些假画并没有使我受到多大亏损，为什么要追究他们呢?"

心存一份善念，它可以拉近人与人之间的距离，可以增进人与人之间的情感，能够避免很多无意义的争端。世界上没有那么多心怀恶意的人，当你抱着怀疑的态度去看待别人的时候，其实就已经失去了一颗善心。

一位妇人去拜访一名大师，在与大师对话的过程中，妇人向大师请示人们常说的地狱和极乐是真实的还是只是一种理想，并且希望大师能够带她参观到真实的地狱和极乐。

于是，大师立即用脑海中所能想到的所有的污秽轻薄的言语来调戏这个妇人，这样的行为让妇人十分惊讶。刚开始基于礼貌的关系，妇人并没有回嘴，最后她实在忍不住了，就随手拿起一根木棍，并大喝："你算什么大师?

简直是个狂妄无礼的家伙!”说着抡起木棍就朝大师身上打去。

大师跑到大殿木柱后，对着面露凶相、从后追赶的妇人说：“你不是要我带你参观地狱吗？你看，这就是地狱!”

恢复自我的妇人，察觉到自己的失态，急忙参拜道歉，请大师原谅她的鲁莽。

大师接着说：“你看，这就是极乐!”

天堂、地狱在哪里？有人说天堂在天堂的地方，地狱在地狱的地方；有人说天堂、地狱在人间；还有人说天堂、地狱在我们的心上。

那么，什么是生活里的天堂呢？它其实就是一颗善良的心。心存善念的人，可以通过自身给别人和自己带来快乐，这就是天堂；当一个人心存恶念，让别人和自己都陷入一种不能自拔的痛苦之地时，这就是地狱。

善良如水，看似柔弱可欺，实际上却蕴含着常人难以想象的力量。善良如山，它会坚定地屹立在前方，冷静地看着自己眼前发生的一切。

心存善念，是一个人面对社会中的冰冷时发出的微弱烛光。当千百个这样的烛光会聚在一起的时候，聚集的温暖慢慢就会形成一个和谐友爱的社会。

04. 予人玫瑰，温馨了他人，也芳香了自己

前生的五百次回眸，才换回今生的擦肩而过。这几乎是一句早被用得烂俗的话语，但是有多少人认真想过这句话的真正含义呢？有人说，这是一个爱心缺少的世界，人与人之间的关系变得越来越冷漠。也有人说，这是一个爱心泛滥的季节，在物质生活极大丰富以后，人们开始更加注重自己的内心诉求，对爱的理解也越来越深刻。

从前有一个小巷子又黑又窄，路灯也没有一个，每到晚上在里面走路非常不方便。

夜幕降临了，这时候有个人打着灯笼慢慢地走进这条巷子，巷子里一下子明亮了许多。

“太好了，那个点灯的盲人又来给我们照路了。”几个巷子里的居民高兴地说，“这下子不用再怕撞到墙了。”

有个和尚正云游从这里经过，觉得这个盲人挺有趣的，于是他走上前去跟盲人聊了起来。

“施主，请恕小僧多事，你既然什么都看不见，为什么还要提着灯笼出行呢？”

“为了保护我自己啊。我听人们说一到晚上他们就像我一样什么都看不见了。我点盏灯，他们看见了光，就会躲开我，不会撞到我身上了。”

汉王符在《潜夫论》中说："积善多者，虽有一恶，是为过失，未足以亡；积恶多者，虽有一善，是为误中，未足以存。"人这一辈子，做一件好事容易，难的是做一辈子好事。与人为善，更应当从小事做起、从身边做起，广结善缘。

丈夫去世不久，儿子又坠机身亡，现实对50岁的黛比来说似乎显得有些残酷。她被悲伤和自怜的感情所包围，久而久之得了忧郁症，甚至产生了自杀的念头。一位智者劝她去做些能使别人快乐的事情。

可是，一个50岁的女人能做些什么呢？黛比想了一整夜，终于想到一个主意。她过去喜欢种花，自从丈夫和儿子去世后，花园都荒废了。她听从智者的劝告，开始修整花园，撒下种子，施肥灌水。在她的精心照料下，花园里很快就开出了鲜艳的花朵。

从此，她每隔几天便将亲手栽种的鲜花送给附近医院里的病人，插在他们床前的花瓶中，让芳香充满整个病房。她给医院里的病人送去了爱心和温馨，换来了一声声的感谢。这些美好的感谢轻柔地流入她的心田，治愈了她的忧郁症。她还经常收到病愈者寄来的卡片和感谢信。这些卡片和感谢信帮助她消除了孤独感，使她重新获得了人生的喜悦。

当我们把自己的东西与别人分享时，我们留下的东西就会扩大和增加。因此，我们要与别人分享好的和值得向往的东西。帮助的人越多，得到的也就越多，甚至是重获新生。

我们从别人那里得到时，会觉得快乐；但当我们在给予别人时，会感到更大的快乐。你在送别人一束美丽的玫瑰时，自己的手中也留下了最持久、最浓郁的芳香。

一日，神闲来无事，从地狱之井向下望去，只见无数生前作恶多端的人正因自己的邪恶而饱受地狱之火的煎熬，脸上写着无比痛苦的表情。

此时，一个强盗看到了神，马上祈求神救他。神知道这个人生前是个无恶不作的大盗，他抢劫他人财物，任意屠杀生灵。但是，他也不是一次善事都没做过。有一次他走路的时候，正要踩到一只小蜘蛛时，突然心存善念，移开了脚步，放过了那只小蜘蛛，这成了他一生中罕见的善业。

想到这里，神认为他还有一丝善心，于是决定用那只小蜘蛛的力量来救他脱离苦海。

神从井口垂下去一根蜘蛛丝，大盗像发现了救命稻草一样拼命抓住了那根蜘蛛丝，然后用尽全力向上爬。可是其他在井里接受煎熬的人看到这样的机会都蜂拥着抓住了那根蜘蛛丝。无论大盗怎么恶言相骂，他们就是不肯松开双手。

蜘蛛丝上的人越来越多，大盗因为担心蜘蛛丝太细，不能承受这么多人的重量，从而将自己脱离苦海的唯一希望毁坏，于是便用刀将自己身下的蜘蛛丝砍断了。结果，蜘蛛丝突然消失了，所有的人又重新跌入万劫不复的地狱。

一个只想着自己利益得失的人是可悲的，因为他无法体会到生活中原来还有美好的东西在我们身边。的确，有时候你费尽了心思，绞尽了脑汁想从别人身上占些便宜，捞点好处，可是实际上却偷鸡不成蚀把米，不但自己没有得到任何好处，到最后，自己的合作伙伴也都会离你远去。

05. 雪中送点炭，最美

生活中，每一个人都有很多同学、同事，或者通过其他方式结交的人，我们将这些人统称为朋友。在别人最困难的时候，对别人施以援手，是最有价值的。

晋代有一个叫荀巨伯的人，不肯弃友而去，反而为自己和朋友带来了生的希望。

荀巨伯有一次去探望一位久别的朋友，不巧正赶上敌军攻破城池，尸横遍野，敌军烧杀掳掠、无恶不作。全城的百姓们四散逃难，可是没有几个能够逃脱敌军的魔爪。但此时，荀巨伯的朋友已经卧病在床，无法行走。荀巨伯的朋友拉着他的手说："朋友，不要理会我了，我病得很严重，连床都起不来，本就没有几天的活头了，你快点自己逃命去吧！"

谁知，荀巨伯却坚持不肯走，说："你若是还拿我当朋友就不要说这样的话。我既然远道而来，就是为了来看望你。现在敌军进城，到处杀人，你连床都不能起，我怎么能扔下你不管呢?"说完，转身去给朋友熬药去了。他的朋友百般苦求，让他马上离开，可是荀巨伯却端着汤药来到朋友的面前说："你就安心养病吧，不要担心我，哪怕天塌下来，我也替你顶着!"

就在说完这句话的时候，"砰"的一声门被踢开了，只见几个凶神恶煞般的士兵冲进来，冲荀巨伯喝道：“你们俩是什么人？竟然如此大胆，全城人都在逃命，你们却还在这里聊天!”

荀巨伯指着躺在床上的朋友说：“我的朋友病得很严重，我不能丢下他不管，即便你们今天要杀掉我，我也绝不会皱一下眉头。但是请你们别惊吓了我的朋友，他已经病得无法动弹了。”

士兵们一听全都愣了，听着荀巨伯的慷慨言语，看看荀巨伯的无畏态度，他们居然被感动了，说：“想不到这里的人会有如此高尚的情操，我们走吧!不要再伤害他们了。”说完，便安静地撤走了。

试想，如果荀巨伯撇下了朋友自己逃命，恐怕未逃出城门就已经被杀害了，而正是因为他在大难临头时表现出的保护朋友的正义感，才使敌军得以折服，这不能不说是一种温暖了整个世界的力量!

的确，人生在世，没有一帆风顺的，总会有许许多多的艰难与困苦。在别人落魄时，伸手相助，虽然看似会给自己带来一些麻烦，但是雪中送炭却让人感觉到你是个正直的人，这是增进双方友谊、加深双方感情的绝妙机会。正可谓“日久见人心”，对方一定会把你当作真正的朋友。

因此，每个人都应该时时伸出热情的手，帮助和关怀别人。即使我们的帮助，仅能助人一臂之力，也能给对方带来力量和信心，使他们有更大的勇气去战胜困难。

值得一提的是，雪中送炭最好要注重细节，给予贴心的温暖。如果你表现得过于刻意，那么在他人看来，就显得不够真诚。

一个女人不幸失去了自己的丈夫，一时间很多朋友都前来慰问。绝大部分人都是送上礼物，说几句安慰话就走了。其余的也只是在一边静静陪着她，听着这个女人的哭诉。有一个人是这家人多年的至交好友，来到家里以后并不多言，而是将这家人的鞋子，包括那女人的鞋子、孩子的鞋子全部拿出来洗擦干净。别人不解，问她，她说："她家里既出了这么大的事，她一定会到处奔波，一定会穿鞋。可她现在这状况，根本不会有精力去顾及这件事。我帮她把鞋擦干净后，她穿起来会舒服、方便。"在场的每一个人无不感动。

这就是细节的力量，真正的朋友做的永远是最贴心的举动，也唯有这样的人，才配称得上真正的朋友。在困难的时候，友情给予的体贴是常人无法想象的。

向人给予最贴心细节的人需要多年友情的积淀，每个人都要慢慢摸索。

06. 记住别人的好，忘却别人的坏

友谊的维护不是依靠昧心的赞同和一致，而是依靠双方的理解和宽容。真正的朋友不会将自己的喜好强加于另外一个人，更不会拿自己的是非标准去评判另外一个人的行为。在真正的朋友眼中，他们不仅能够欣赏彼此的优点，更能包容彼此的缺点，并且懂得相互尊重。

一只乌鸦和一只鹦鹉被关在同一个鸟笼里，鹦鹉觉得自己非常委屈，埋怨道："我怎么这么倒霉，和这样一个黑毛的怪物关在一起，它真是丑死了！

瞧它那呆板的表情、难听的声音，如果谁在早上看它一眼，这一天都会倒霉的。再没有比跟它在一起更令人讨厌的事情了!”

而乌鸦也因为和鹦鹉关在一起而感到不快。它抱怨自己为什么这么不幸，竟然和这样一只百般挑剔的花毛家伙关在一起，并且感到十分伤心和压抑:“这家伙怎么穿了这么一身花里胡哨的衣服，简直跟个傻大姐一样。瞧它那丑陋的嘴，居然还说些不知所云的话！吃东西的样子一点儿也不文雅，看见人来就学人家的声音，一副谄媚的姿态，简直令人作呕……”

乌鸦和鹦鹉的争吵似乎永远没有休止，虽然它们共处一个“屋檐”下，但是命中注定它们不能成为好朋友，因为它们不懂得宽容。

在欧洲文学史上，歌德和席勒的友情长久被人传颂。在二人交往的过程中，歌德非常努力地想以自己的地位和名声帮助席勒。歌德不仅让席勒搬到魏玛来住，而且提供各种各样的帮助。这包括先让他借居在自己家，然后帮他买房，平日也不忘资助接济，甚至细微如送水果、木柴，而更重要的帮助是支持席勒的一系列重要创作活动。

反过来，席勒也以自己的才华重新激活了歌德已经被政务缠疲了的创作热情，使得歌德的创作进入一个全新的阶段。也正是在这段时期里，歌德完成了《浮士德》第一部。

歌德比席勒大十岁。当席勒还是一个小青年的时候，歌德已经名扬天下。对于后起之秀，歌德深为席勒的才华所折服。席勒在 21 岁的时候便以剧作《强盗》一举成名，接着又写了《阴谋与爱情》等三部风靡一时的悲剧。

在席勒成名以后，两人相处不再如从前那样自如了，感情也产生了距离。

但是歌德有着十分宽广的胸怀，他非常钦佩席勒的长处——不受周围环境的影响，专心致志努力创作，同时他忘记了席勒的短处——骄傲自满、目中无人。

正因为如此，若干年后，歌德还保持着与席勒真挚的友谊。他对席勒说："你给了我第二次青春，使我作为诗人复活了。"

面对席勒的恃才傲物，歌德并没有感到自己会受到多么重大的伤害，反而放大了席勒的优点，并以此来激励自己。正是依靠着这种对朋友的宽容，成就了两人之间的伟大友谊。

在实际的生活中，谁都不能保证自己不犯错误，朋友之间也不例外。一位诗人曾经说过："谁想在困厄中得到援助，就应该平日里宽容待人。选择记住朋友们对自己的恩惠，不要让朋友的不好充斥在自己的心间。"

的确，世间真挚的友情难能可贵，一生常欢聚的朋友更是不多。能够在自己的生活和事业圈子中有几个常欢聚的朋友，我们的生活会更加轻松，事业会更加顺利，何必因为一点不快留下不应有的遗憾呢？本着一颗宽容的心，忘记别人的坏处，是对别人的宽容，也是对自己的宽容。

07. 爱，因博大而无尽

人与人之间的交往免不了要磕磕碰碰，会有各种利益纠葛。这种时刻，往往也就是矛盾最容易爆发的时候。当双方产生矛盾的时候，有一种强大的武器叫作博大的胸怀。人们常说大爱无疆，只有抱着推己及人的心理，与人为善，最终才能用爱心消融自己的偏执，也融化对方的戒心。

所谓“不择细流，海纳百川”，说的其实就是这样的道理。

从前，有一位师父打发他的年轻弟子去集市买寺庙日常使用的东西。可弟子回来后满脸不高兴。

于是师父问他：“什么事让你这么生气?”

“我到集市上的时候，很多人直勾勾地盯着我看，有些人还不停地嘲笑我!”弟子撇着嘴非常不满地说。

“哦？他们都嘲笑你什么呢?”师父轻声地问道。

“还能笑话我什么？笑话我个子矮呗！哼！可是，这些俗人哪里知道，虽然我长得不高，但我心胸可宽广着呢!”弟子说完后依然一副气呼呼的样子。

师父听完他的话，什么也没说，转身拿起了一个脸盆，带弟子来到海边。

弟子一脸狐疑地跟了一路，不知道师父要做什么。当终于到了海边的时候，只见师父先用脸盆盛满海水，然后往脸盆里丢了一颗小石头，脸盆里的海水立刻溅了一些出来。接着，师父又捡起一块大石头，用力扔进前方的大海里，而大海却依然平静，没有任何反应，仿佛石头从来就不曾出现过。

“你说自己的心胸很大，是吗？可依我看，你的心胸不见得有你所说的那样宽广。人家只是说了几句你不爱听的话，你就生那么大的气！这和将石子丢进脸盆，水花到处溅的情形不是很相像吗？当你有一天，心胸真正变成大海那么宽广了，你就不会这么生气了。”

弟子这才恍然大悟：和宽广的“大海”比起来，自己的心胸真的就只是像这个小小的“脸盆”一样啊！

一个心怀大志的人最懂得博爱的力量。当一个人能够让自己的对手都心甘情愿为自己效劳的时候，那还有什么事情是做不成功的呢？偏执种下的后果只能是无尽的仇恨，而博大的爱心下面能够带来的将是意想不到的收获。

春秋时期，齐国国君齐襄公被杀。公子纠和公子小白听到襄公被杀的消息后，都急着要赶回齐国争夺君位。

在公子小白快速返回到齐国的路上，遭遇到公子纠的师父管仲的埋伏。管仲搭箭瞄准，小白应声倒在车里。

管仲以为小白已经中箭而亡，便放慢了前行的脚步，不慌不忙地护送公子纠回齐国。事实上，公子小白是诈死，他和自己的师父鲍叔牙早已抄小道抢先回到了国都临淄，并当上了齐国国君，史称齐桓公。

齐桓公即位以后，下发的第一道命令就是追杀公子纠，并把管仲缉回齐国治罪。

但是鲍叔牙却不赞同齐桓公的做法，大力向齐桓公推荐管仲。齐桓公感到非常气愤："管仲拿箭射我，要不是我诈死躲过一劫，我的命就丧在他的手里，这样的人我怎么能用呢?"

鲍叔牙说："那个时候的管仲是公子纠的师父，他用箭射您，正是他对公子纠的忠心，也是他的职责所在。现在这个时候，您刚刚成为国君，整个朝堂的根基不稳。论实际的治国本领，管仲远远在我之上。主公若想成就一番大事业，管仲可是个非常有用的人才。"

齐桓公听了鲍叔牙的话，略有所悟，于是不但没有降罪于管仲，还立刻任其为相，让他管理国政。而管仲也确实对得起鲍叔牙对他的推荐，帮着齐桓公内整朝政，外开铁矿。齐国越来越富强，终究成就了齐桓公春秋五霸之一之位。

赢得朋友的支持并非难事，而能够赢得对手的尊重才是一种能力。这种能力的取得，依靠的不是武力，而是博爱。爱一个值得去爱的人是一件容易并且让人感觉愉快的事情，恨一个自己不喜欢的人也不是一件难事，最难的是如何去"爱"我们不喜欢或者不喜欢我们的人。这就要求我们拥有一颗强大而博爱的心。

从小处来看，人们常说冤家宜解不宜结；向大处着眼，志向高远需要大胸怀。"海纳百川成其广，人纳百事成其大"，世界上没有生来的强者，有的是依靠自己的胸怀不断吸引别人的成功者。

人之所以会偏执，归根到底其实还是由于自己的内心无法容忍别人的错误，用单一的标准来衡量一个人。

有一个老和尚夜晚在寺庙里巡夜时，发现墙脚处有一把椅子。他稍微看了一眼就知道是怎么回事了：肯定有小弟子耐不住枯燥的生活，违背寺规私自溜出去玩了。老和尚没有生气，而是走到墙边把椅子给移开了，然后他自己蹲在椅子的位置上。

没过多久，一个小和尚在黑暗中摸索着踩着老和尚的后背，跳进了院子。当他双脚着地时，发觉刚才踩的不是原来自己放的那把椅子，而是自己的师父。小和尚顿时不知所措，以为一场责骂是在所难免的。出人意料的是，师父并没有责备小和尚，而是很关怀地说："夜深天凉，多穿件衣服，千万别冻着了。"

小和尚听了师父的话，感到很惭愧。于是，小和尚忍住了自己好玩的天性，认真焚香礼佛，以后再没有犯过类似的错误。

爱心并不显眼，但是爱心有着超乎寻常的力量。

宽容和爱心，比惩罚更有力量，是纠正自己偏心的最佳方式之一。选择爱心、选择宽容的人将会更为公正地看待一个人，也会更加公正地看待这个世界。现在就从身边人开始吧，经过长期潜移默化的培养，你的宽容和爱心自然就会慢慢建起来了，生活也会变得越来越美丽。

08. 包容让世界变得更宽广

完美是很多人的追求，每一个人都想争取获得一个完满的人生。然而，从古至今，又有谁见过十全十美的人呢？对于生活中的不完美，要有一颗包容的心。要知道，正是因为这些不完美，人们才会有不断改进的动力，才有继续奋斗的源泉。

一个生活的智者，绝不会因为不完美而停滞不前；一个渴望成功的人，也绝不会因为不完美而放弃自己内心的渴望。对于他人的不完美，最佳的态度就是选择包容。在面对不完美的时候，采取正确的态度来对待生活，而这种心胸和态度决定着我们今后将会成为什么样的人，取得什么样的成功。

有一个老人，在他活到70岁的时候仍然是孤身一人。造成这种现象的并不是他不想结婚，也不是因为各方面条件的限制，而是他一直在寻找一个在他看来十分完美的女人。

于是周围有人就问这位老人："你活了几十年了，也走过了那么多的地方，也不断地用心寻找，难道你就没有找到一个在你眼里看起来是完美的女人吗?"提到这里，老人异常悲伤地说："是的，有一次我碰到了一个完美的女人。"

于是发问的人就非常好奇，连忙问道："那么为什么你们不结婚呢?"

老人伤心地说："没办法，她也正在寻找一个完美的男人。"

老人的境遇其实就是现实社会中的一则寓言，它向我们展示了一条很容易理解的真理：一个只用自己的标准去要求别人的人，即使有他人难以遇到的良机，如果不懂得包容，那也会成为孤家寡人；相反，一个能够宽容他人的不完美、胸无芥蒂的人，即便可能在某一个时刻处于弱势，也会受到人们的欢迎，得到帮助，从而走向成功。

同一片树林高低不同，同样的手指长短不一。每个人都有自己的性格，每个人也有自己的生活。年龄、阅历、认识问题的角度都会对一个人产生很大程度的影响。当别人出现不完美的状况时，要学会宽容，为他人的不完美找点恰当的理由，也让自己的心灵充满阳光。在宽容别人不完美的时候，可以使自己的视野变得更加深远，也可以使自己的生活变得更加滋润，甚至会收获意想不到的结局。

在战国的时候，有一次楚庄王打了胜仗以后大宴群臣，他最宠爱的姬妾许姬也参加了这次酒宴。宴会进行得很顺利，歌舞声中，君臣相谈甚欢。不知不觉就到了黄昏，由于还没有完全尽兴，楚庄王就命令人点上蜡烛继续，他还特别让许姬给在座的大臣们敬酒。

许姬开始逐一给大臣们敬酒，这时一阵疾风吹过，筵席上的蜡烛都被吹灭了，宫中立刻漆黑一片。就在这个时候，有人拉住了许姬的衣袖。许姬连忙反抗，拉扯当中许姬扯下了那人官帽上的缨带。

许姬挣脱了那个人，赶快回到楚庄王的面前，她在楚庄王耳边小声地说："有人想趁黑暗调戏我，幸亏我机灵，扯下了那个人的帽缨。请大王查找那个没有帽缨的人，肯定就是刚才对我无礼之人。大王一定要杀了他为臣妾申冤。"

楚庄王听完许姬的话，不但没有生气，反而心平气和地对大家说："寡人今日设宴，诸位务必尽欢，大家不要太顾念君臣之礼，可以把帽缨统统摘掉，这样才能尽兴啊。"

群臣按照楚庄王的要求，都把自己的帽缨取下。楚庄王这才命人重新点亮蜡烛，宫中一片欢笑，君臣尽欢而散。

酒宴过后，许姬怪楚庄王不给自己出气，楚庄王却说："酒后失态乃人之常情，如果这等小错都要取人性命的话，以后谁还愿意为孤王效力呢"

事情就这样过去了，楚庄王一直没有追究那个调戏许姬的人。后来晋国侵犯楚国，楚庄王亲自带兵迎战。在两军交战当中，楚庄王发现自己军中有一员战将，每次上阵总是奋不顾身，所到之处均拼力死战。甚至在楚庄王遇到危险的时候，还是这个战将临危救驾。这次战役，楚军大胜回朝。

楚庄王依旧论功行赏，当问到这个战将想要什么赏赐时，他却说："大王已经赏赐过了。我就是那个调戏许姬的人。那次事情过后，大王没有加以追究，我就对大王一直抱有感恩之心，准备等待机会报答大王。这次上战场，也正是我立功报恩的机会，自当以死为报。"

包容别人一直都是人生的美德，宽容别人的不完美，其实就是为自己铺路，否则只能把自己逼向一个死胡同。试想，如果楚庄王当初没有宽恕那位军官将其斩首示众，也许这次楚庄王就会死在战场上，又怎么会赢得那位将士的以死相报呢？

学着对别人宽容一点吧，当心变得宽大一点时，你会不再仅仅局限于小我，也会慢慢明白，宽广的心胸不仅能让人感受到温暖，而且也能够丰富自己。带给自己无限的快乐，给自己未来的事业打下坚实的基础。

09. 不求以心换心，但求将心比心

生活中，我们每个人都扮演着各自的角色。同样的一个人，在人生中扮演的角色又不尽相同。小时候，孩子是父母眼中的希望，父母是孩子眼中的靠山。而长大后，孩子又成为了父母的依靠。

这个简单的事实说明了一个规律，这是一个人的身份不断变化的世界。在这

种不断变化的过程中，如何才能让人们在不断变化的过程中保持内心的平静，在得失之间找到相应的平衡呢？其中非常重要的一个原则就是要学会换位思考。

球王贝利是足球界人尽皆知的明星，但是他的成长也是经历了从懵懂到成熟的过程。贝利在很小的时候就显示出了非凡的足球天赋。随着了解贝利的人越来越多，许多认识或者不认识的人开始和贝利打招呼，还向他敬烟。像当时所有的未成年男孩子一样，贝利喜欢吸烟时那种“长大了”的感觉。

有一天，当贝利在街上向人要烟时被父亲看见了。父亲的脸色很难看。小贝利低下头，不敢看父亲的眼睛，因为他害怕看到父亲失望的眼神。

父亲说：“我看见你抽烟了。”贝利不敢回答父亲，一言不发。

父亲又说：“是我看错了吗?”贝利盯着父亲的脚尖，小声说：“不，你没有。”

父亲问：“你学会抽烟多久了?”

贝利小声为自己辩解：“我只吸过几次，几天前才……”

父亲没有听贝利过多的解释，打断了他的话，说：“告诉我，香烟的味道好吗？我没抽过烟，不知道烟到底是什么味道。”

贝利嗒嗒地小声说：“我也不知道，其实感觉并不太好。”贝利说话的时候，突然绷紧了浑身的肌肉，手不由自主地往脸上捂去，因为他看到站在他眼前的父亲猛地抬起了手。按照贝利的想象，那将是一记响亮的耳光，但是父亲顺势把他搂在了怀中。

父亲说：“你踢球有点儿天分，也许会成为一名高手，但如果你抽烟、喝酒，那就到此为止了。因为你将不能在90分钟内一直保持一个较高的水准，这事由你自己决定吧。”

父亲说完，打开他瘪瘪的钱包，拿出几张为数不多的皱巴巴的纸币，父亲对贝利说："你如果真的想抽烟，还是自己买的好，总跟人家要，太丢人了。你一般买烟要多少钱，这些钱够吗？"

贝利深深低下了头，为自己以前的行为感到了羞耻。从这件事情以后，他再也没有抽过烟。后来贝利凭借着过人的天分和勤学苦练，终成一代球王。

贝利的父亲对贝利的教育并没选择简单粗暴地制止，他也经历过离经叛道的青年时代。通过换位思考，父亲达到了极好的教育目的。换位思考，不仅能够拉近人与人之间的关系，还能够让对方体会到自己的良苦用心。

卡耐基说："与人相处能否成功，全看你能否以同情的心理体谅和接受他人的观点。"以同情的心理，站在对方的立场去看问题，指的就是换位思考。在现实的工作之中，如果双方能有换位思考的精神，工作往往能够事半功倍。如果只是单纯一味地从自身利益出发，不考虑其他人的利益，这样就很难取得预期的成功。

老刘在自己的网络公司新开了一个项目，这个项目在前期需要投入的资金很多，不仅需要他亲力亲为地监督项目的运作，还要求与此项目有关的人员在项目未完成期间不能请假。

新项目开展后，公司里不少员工都不得不在白天工作完后，晚上继续加班。老刘看到员工们这样任劳任怨，就得意扬扬地说："这叫战友情谊！"

但是时间一长，就有员工开始抱怨了。

那天，负责此项目的小李在洗手间抱怨公司没人性，说老板不但不替员工考虑，还变相压榨员工。老刘正好在洗手间外面，听到了小李的抱怨后，顿时怒火中烧。他指着小李，大声呵斥道："你领我的薪水，就要替我干活。

如果不想干，可以交辞职报告!”

老刘说的本是一时气话，谁知小李马上就递交了辞职信。

冷静后的老刘想到，小李在此项目中有着举足轻重的作用，就有些后悔了。可惜木已成舟，怎么做也不能把小李留住。就这样，由于此项目中的负责人小李的离开，让老刘在这个项目上付出了很大的代价。

在与人的交际生活中，换位思考的重要性是不言而喻的。人与人之间的交往，不仅仅需要坦诚相待，更需要换位思考。只有不断地换位思考，彼此之间才会懂得尊重。也正是有了不断地换位思考，才会获得更多的尊重。如果一个人凡事都能做到换位思考，往往能够有意想不到的收获。

社会生活愈发展，人际关系愈重要，就愈要求我们跳出以自我为中心的思维模式，试着从别人的角度和立场看问题，不再去抱怨周围的人对你是否友善。虽然要做到这一点不容易，需要很大的耐心和耐性，但为了使人际交往更加顺利，为了能化被动为主动，让内心达到平和状态，也是值得的!

第十章

于角落里自在开放，即使你再平凡，也有绽放的惊艳

平凡是生命的一种常态，我们也许无过人之才，
也许无惊世之举，但这绝不意味着平庸，
因为再平凡的人也拥有闪光的地方。
即便是在无人关注的角落，
你都应该相信自己的芬芳和美丽是独特的，
应该勇敢而骄傲地盛开。
内心坚强而有力量，保有独立而随意的品格，体味细水长流的美好，
不知不觉中你就已播下一地的灿烂。

01. 守住本心，方得始终

有一句口号：让生活慢下来。事实上，想要达到这样的目的本身就不是一件容易的事情，因为在快节奏的生活中，如果一味地坚持慢节奏，这是不合时宜的，也会对自己的实际生活造成一定的混乱。怎么办呢？如何慢呢？这就要求我们在顺应历史的大潮中，要坚守住自己的本心。

一个人的本心是什么？其实说白了就是自己内心深处的价值观。这种价值观就像衡量自己的一把标尺，时刻指导着自己应该守住哪些底线。这种底线和标准就是个人的标签，同时也是赢得最后胜利的砝码。

有一位国王在刚刚登基的时候，外族经常骚扰边境，民怨很大。于是国王就和大臣们商讨解决问题的办法，最终决定使用武力来镇压。

国王在全国范围内发动所有能发动的力量。为了能够找到能力出众的人，国王宣布只要有过人才能的人愿意为国效力，国王会在凯旋的时候重重有赏。没过多久，就来了三个人，第一个人善于骑术，第二个人善于射术，第三个人则长于谋略。国王对他们的才能非常欣赏，让他们随同军队一起到了边疆。

在战场上，这三个年轻人充分发挥了他们的才能，屡立奇功。不出一个月，边疆的问题得到彻底解决。在大军回到国内的时候，国王要对在战争中立有战功的人进行奖赏。国王对三个年轻人说："你们为国家做出了这么大的贡献，想要什么就尽管说吧。"

第一个年轻人说："我要做大将军，统率军队！"

第二个年轻人说："我要做丞相，治理国家！"

轮到第三个年轻人了，他却说："我的梦想就是有一片自己的牧场，请求您赐予我一群牛羊和一块牧场吧。"

第三个人的回答让所有人都十分诧异，这个从战场上下来的年轻人真的只愿意做一名牧羊人吗？国王没有食言，分别满足了这三个年轻人的欲望。

没过几年，当第三个牧羊人正在牧场上欢快地唱着歌、悠闲地牧着羊的时候，曾经的将军和丞相因为企图谋反而被斩首。

不可否认，这三个年轻人确实才华横溢，但是在身份转换中，有人忘记了自己应该坚守的底线，没能守住自己的本心，最终丧失了自己的性命。打个形象的比喻，没有守住本心的人就像电灯泡一样，即便自己的外表再光滑、再完美，如果灯泡中间的钨丝断了，那它也不能再发出任何的光芒。

在不断变化的过程中，守住自己的本心并不是一件轻松的事情。这需要一种强大的自我约束，也需要对内心进行有效的调节。

一个人在市场上出售鸡蛋，为了能够让行人看得更加清楚，他在一张纸上写着："新鲜鸡蛋在此出售。"没过多久，鸡蛋摊位前来了一个人，看着他写下的牌子对他说："我说这位老兄，何必加'新鲜'两个字呢，难道你想说卖的鸡蛋不新鲜？"他想一想，这个人说得真有道理，于是就把"新鲜"两个字从纸板上涂掉了。

第一个人刚走，又来了一个人对他说："我说为什么要加'在此'两个字呢？你不在这里卖，还会在哪儿卖？"他同样觉得这个人说得有道理，便把"在此"两个字涂掉了。

一会儿，一个老太太过来，对他说："'销售'二字也是多余的，这些鸡蛋不是卖的，难道会是白送吗?"于是，他把"销售"两个字也擦掉了。

临近中午的时候，又来了一个人，看着卖鸡蛋的人说："你真是多此一举，大家一看你面前的鸡蛋就知道你是一个卖鸡蛋的，何必费劲写上'鸡蛋'两个字呢?"事情的结果是，卖鸡蛋的人把所有的字都涂掉了。

很多时候，我们都面临着与卖鸡蛋的人相同的处境，当自己的内心受到各种干扰的时候，能不能守住最初的自己将是对每个人的重大考验。一个人的意见只能代表一种观点而已，千万不要因为想要去迎合别人而丧失了原本的自己。当生活打磨每个人的时候，一定要记清楚自己最初的样子。

"不要试图去做二流的别人，只需做好一流的自己"，这是一位著名导演对新演员所说的话，同时也值得所有的人深思。

不过，卓越者开始总是曲高和寡，平庸者往往附和者众。坚持做自己的过程，就像凤凰必须在烈焰中诞生一样，会面临各种各样的困难，要经历残酷的身心考验。这就需要我们在开始时静下心来，确定内心真正追求的东西，不因别人的评议而对自己心生怀疑，慢慢地，坚持走下去!

02. 你独一无二，你无可取代

这是一个人人都可以表现自我的时代，每个人都渴望自己的价值能够得到最大程度的发挥，但是这需要一个前提，那就是认清自己。在舞台上尽情展示风采的人毕竟是少数，但我们可以做一名合格的欣赏者。能够在运动场上挥洒汗水是一种人生追求，但是我们依然可以选择做一名加油者。

很多人会说，躲在幕后和路边多没有意思，没有鲜花，也没有掌声。其实大可不必这样想，鲜花诚然是美丽的，掌声也固然醉人，但是它只能肯定某些人的成就，无法否定其余大多数人的价值。每个人都是自然界独一无二的，活出真实自然的自己，那么这样的人生就是精彩的。

活出真实自然的自己，这并不是自以为是、故步自封，而是针对个人的特性，想出一个适合自己，能够展现个人才华的方式。

有一个女孩，她是一个出租车司机的女儿。在很小的时候，她就被周围的人认定有很高的歌唱天赋，对于声音的把握是非常的精准。她从小的梦想就是成为一名出色的歌唱家，但是上天给予她美丽声音的同时，也留给了她一样缺点，那就是她的一张阔嘴和一口龅牙。

在一次公开演唱的机会中，她为了显示自己的魅力，一直努力用上嘴唇盖住自己的龅牙。这样，使得她在唱歌的时候非常的滑稽可笑。最终，她的首次登台并没有得到观众的认可，她失败了。在演唱结束后，她还一个人沉溺在失败的阴影之中。

一个资深的音乐人在听完她的演唱后，认为她很有天赋，也具备很大的潜力。在经过短暂的交流之后，音乐人坦率地告诉她："我看到了你在台上的表现，知道你在试图掩饰什么。你并不喜欢你那口牙齿，其实这又有什么关系呢？有龅牙并不是你的过错，为什么要尽力去掩饰呢？张开你的嘴，只要你自己不引以为耻，观众就会喜欢你的。甚至说不定你的龅牙还会给你带来好运呢。"

这个女孩接受了音乐人的建议，在唱歌的时候不再去想自己的牙齿。站在舞台之上，她关心的只是能不能唱出自己的水平。最终，这个女孩实现了自己的梦想，最终成为一名歌唱家。

认识不到自己的价值，也不敢做真正的自己，这已经成为阻碍很多人成功的根源。只有做回自己，做真正的自己，你的价值才不会被轻易否定。每个人都是这个世界上独一无二的存在，要想获得最后的胜利，就必须根植于自己独特的个性。忽视自己的个性或者故意掩饰自己个性的行为，终将一事无成。每个人都有着自己独一无二的标签，而这个标签就是我们与他人区分开来的标志。

美国著名喜剧大师卓别林在刚刚进入演艺圈的时候，他最开始的想法就是模仿当时一位成名已久的喜剧大师的表演思路。尽管在一段时间里，他绞尽脑汁、煞费苦心地学习和模仿，但是自己却迟迟没有突破和作为。在整个戏剧圈里，卓别林的名字就像很多不知名的演员一样，湮没在庞大的从业人群中。

后来，卓别林开始琢磨，能不能创造出属于自己的表演风格。于是，他根据自己的独特个性，创造了独一无二的表演风格，终于成了有史以来最伟大的喜剧明星。

一个人不可能成为别人，更没有必要成为别人。美国思想家爱默生曾说过："羡慕就是无知，模仿就是自杀。"即便一个人拥有别人无法企及的天赋，如果只是将这些天赋用在模仿别人身上，最终也只能沦为追随他人的牺牲品。

鲁迅先生也说过："我自己，是什么也不怕的，生命是我自己的东西，所以不妨大步走去，向着我自以为可以走去的路，即使前面是深渊、荆棘、峡谷、火坑，都由我自己负责。"这是一种清醒的执着，是在看清前途后的决断。

鲁迅先生最初是学医出身，但在仙台学医期间，他观看了一部侵华日军残害中国人的电影，而在旁围观的也是一群中国人，他们不仅没有丝毫懊恼，反而麻木不仁。这样的场景让鲁迅先生格外痛心，自此，他认为治人心比治人身更为重要。

于是他决定弃医从文，走自己的路，用文字唤醒中国人麻木的心，医治病态的人性，让手中的笔成为与敌人对抗的"枪"。

本来走自己的路就不易，要走一条将个人前途与国家命运结合起来的路就更不好走。而鲁迅先生铮铮铁骨，选择了这条路，并坚定不移地朝着他那个布满荆棘的方向毅然走下去了，挑起了中国的脊梁。

谨慎而理智地选一条适合自己的路去走，管他人怎么说。既然是自己所选，就不要去管别人的说三道四。同时，无论这条路多么曲折崎岖，无论路上有多少障碍，我们仍然要一直走下去，慢慢走出独一无二的人生。

03. 不妨悠然下山去

一个人看待世界的眼光，在很大程度上就是能够取得成功的尺度。当一个人身处高位之时，一定要用一种旷达的心胸来看待这个世界，这个时候将会深刻地感受自然的伟大和人自身的渺小。

将个人置于整个人类，在亿万人群之中我们是渺小的；而将人类置于地球，在地球母亲面前人类是渺小的；将地球置于浩渺宇宙，地球母亲也无非就是其中的一分子，人类更是其中一分子中的一分子。

一个真正懂得生命内涵的人，一定是对自己始终有着清醒认识、敬畏生命、敬畏天地的人。狂妄自大，目空一切，胡作非为，其实是一种愚昧和可怜。

一天，森林中举办比“大”的比赛，一头老牛走上擂台，它的身躯庞大，动物们高呼：“大。”大象登场表演，它只跺了跺脚，动物们就高呼：“大。”这时，台下的一只青蛙不服气了：“哼，难道我不大吗?”它“嗖”地跳上擂台，拼命鼓起肚皮，高喊：“我大吗?”台下传来一片嘲讽之声：“不大。”青蛙不服气，继续鼓肚皮。结果“嘭”的一声，它的肚皮鼓破了，一命呜呼。

这个故事启迪我们：明知不可为而强为之，这是愚蠢和贪婪。

的确，任何人无论做任何事情，都必定有他的极限，必定有他的承受能力，必定有他能达到的最高高度，这是一个不可抗拒的规律。千万不要为了标榜成功不承认极限，时刻都想拓展自己的空间，展示自己的才华，做无能为力、力所不及之事。否则，只会在成功路上屡屡摔跤，落得人事两空。

诚然，每个人都渴望创造一番伟大的成就，但是林肯说过一句话：“自然界里的喷泉的高度不会超过它的源头。”了解和承认自己的能力和局限，做自己能做的事，量力而行，恰到好处，当行则行，该止则止，才能使有限的生命发出适度的光芒，从而为自己的心灵带来幸福和满足。

有一位登山运动员，他曾经有幸参加了攀登珠穆朗玛峰的活动。珠穆朗玛峰最高海拔为 8844.43 米，当爬到海拔 6400 米的高度时，他因为体力不支便停了下来，下山了。事后，许多朋友都替他惋惜，说已经走了四分之三的路程了，如果他能咬紧牙关挺住，再坚持一下，再攀登那么一点点就上去了。

没想到这位运动员却不以为然，他轻轻一笑，十分平静地说：“不，我自己最清楚，6400 米的海拔高度是我登山生涯的最高点，如果我再攀登的话，可能就会丧命呢。我已经尽力了，所以对此我一点都不会感到遗憾。”

对于这位登山运动员来说，6400 米就是他的极限和最大的承受能力，他懂得保存自己的实力，淡然地做自己能做的事，下山去。谁又能说，这不是真正的英雄呢？做自己能做的事，只要用尽全力，用尽所能，自己问心无愧，最后实现了什么目标，达到了什么高度其实并不重要，也没有什么遗憾。

一个人应当做他能做的事，罗曼·罗兰在其著作《约翰·克利斯朵夫》中借用主人公之口说了一段精彩的话：“如果不行，如果你是弱者，如果你不成功，你还是应该快乐。因为那表示，你不能再进一步，干吗你要抱更多的希望呢？干吗为了你做不到的事悲伤呢？一个人应当做他能做的事……竭尽所能。”

当你对某件事情力不从心，步履艰难，甚至备感失意的时候，请先静下心来检视自己，是否在做自己无能为力的事？如果答案是肯定的，如果你足够聪明，足够勇敢，就应该悠然下山去。当然，这是一个需要长期学习的过程，一定要保持客观、冷静的态度和做法，千万不可操之过急。

04. 一个人浮世清欢，一个人细水长流

人生是一个人的旅行。父母不能永远陪伴你，牵手走过人生的伴侣也会有先离开的那一个，孩子长大后有自己的生活，更无法一直守在你的床前。没有人能够同你相依一辈子，除了你自己。孤独是生命之曲的基调。多数人害怕孤独，总觉得孤独意味着没有朋友，生活单调乏味。

殊不知，我们每个人都需要孤独。

澳大利亚的一位动物学家，曾经从亚马孙河流域带回两只猴子。其中一只长得非常壮硕，另一只瘦瘦小小。动物学家把它们分别关在两个笼子里，每天都精心喂养，观察它们的生活习惯和变化。奇怪的是，一年之后，那只壮硕的大猴子竟然死了，而那只瘦猴子却活得好好的。为了不中断自己的研究，动物学家又找来一只壮硕的猴子。可是没过几个月，情况又和上一次一样，壮硕的猴子死了。

数年之后，动物学家重返当年那个地方，对猴群进行研究。结果发现，

体格壮硕的猴子总是在追逐打闹，而那些瘦弱的猴子则更喜欢安静地待着，独自晒晒太阳，闭目养神，情绪非常平稳，所以它们能够长时间地活下来。最后，动物学家得出了结论：缺乏交往的生活是一种缺陷，缺乏独处的生活则是一种灾难。

我们不该害怕孤独，因为孤独是一种享受。它教我们远离红尘，冷静地想想自己的过与失，还能把自己放在一个适当的角度深刻解剖。哈瑞·艾默生·福斯狄克说过一句富有诗意的话："不能忍受独处生活的人，就像受风吹拂的池塘，风不停，永远无法获得平静，反映自己美好的东西。"

孤独需要时间，需要空间，更需要心境。身处忙碌的社会，我们感觉每件事似乎都跟自己有关，停不下匆忙的脚步，躲不开拥挤的人群，剪不断恼人的思绪，心灵被外物所遮蔽、掩饰，浮躁的情绪充斥着整颗心。我们已经忘了给自己留一点独处的时间，对自己的心说说话。直到有一天，发现心灵的空间已经缩得很小很小，生命的风帆也开始慢慢萎缩，飘摇着找不到前进的方向。

王莉六年前到一家外企工作，起初只是一名前台，可如今的她已经坐上了行政主管的位子。六年来，她早出晚归，卖力地工作，所有休息的时间也都用在了工作和学习上。尽管在上司眼里她是优秀的员工，在同事的眼里她是个出色的主管，可在她自己的心里，却越来越不了解自己了。

这半年，她总是情绪烦躁，和同事的关系也不如从前那样自在，很多事明明可以做好，现在却有些不知所措。浮躁和厌倦包围着她，精力总是不能集中，坐在办公室里有种想要逃离的冲动，想远离人群，到新的环境和生活状态中去。这种痛苦的情绪折磨得她日夜难安。她告诉自己：我需要冷静地想想自己是怎么了。

终于，又到了休年假的日子。这一次，王莉带上行囊，独自一人去了郊区。她租了一间农家院，每天一个人吃饭、散步，在山水间领略自然的美好，没有工作的烦恼，没有生活的压力，彻底地放空身心。七天过后，她带着饱满的精神回到了公司，感觉一切又和当初一样了。

王莉的心理迷失现象，很多人都有过，或是正在经历着。当生活或工作被安排得太满，没有给心灵留出足够的时间与空间，就会产生迷茫感，整个人像掉进了泥潭一般。这个时候，即便是换工作，换环境，情况也未必有好转。此时，最需要的是一个孤独的环境，不受任何事情的干扰，静静聆听内心的声音。

孤独的人生可以是绚丽多彩的，关键在于你如何去驾驭它。

她是一个漂亮的、潇洒的女人，崇尚自由，独自来到了一个遥远而陌生的城市。黄昏时分，她走在下班回家的路上，一步一步慢悠悠地走着，她不愿意坐着公交车回到那个狭窄而空落的“家”。就这样悠闲地散步，感觉是最好的。她可以感受到微风轻轻地抚摸着脸庞，耳边还可以听到与家乡一样的鸟儿的鸣叫。看着西边那又大又圆、红彤彤的落日，她突然想到了一句诗：“大漠孤烟直，长河落日圆。”她看着落日，又看着路旁盛开的鲜花，仿佛自己成了一个云游客，整个城市的尘嚣与忙乱都与自己无关。

在别人眼里，她是个孤独的女人，没有自己的朋友，也很少参加聚会。可在她心里，并不这样觉得。空闲的日子里，她宁愿一个人在房间里放着喜欢的音乐，看一场喜欢的电影，偶尔写一两段文字，记录生活的点点滴滴和心情的起伏。对于生活，她一直很从容，不会被日常琐事烦恼，也不会为生活的压力感到焦躁不安。她静静地品味着生活的乐趣，欣赏着身边的美丽。别人惧怕的孤独，却是她难得的享受。

故事中的那个女人不畏惧孤独，因为知道自己要什么，要做什么，从不慌张和忙乱，更不会因为没有他人的陪伴而不知所措。在充实的生活中，孤独对这样的人而言不是一种可怕的境遇，而是一首小诗，他们品味孤独，就像是领略诗中的一种惆怅、飘然的意境，心中是满满的享受。

一个人浮世清欢，一个人细水长流，孤独真的很美。

当然，孤独不必离群索居，更不必终日把自己关在房间里，只要每天抽出一点时间静一静，把独处静思融入工作、学习之余，就可以让心灵得到休憩，保存一分悠然，举手投足之间流露出一抹散不去的生命馨香。

05. 坐下，和自己谈一次灵魂

认真观察周围的人，喜欢喝咖啡的人性格往往是非常相近的。因为在喝咖啡的时候，每一滴咖啡都透露出慢工出细活的品质。而一旦将这种品质融入一个人的生活，就会非常贴切地感受到原来自己生活中还有如此多的东西值得品味。

每个人的心中都有着自己对未来生活的规划，有着对世界的种种看法。

这些看法和观点就像一块一块的砖石，在日复一日的累积中最终建造成一座大厦。这座大厦里，住着自己内心深处的灵魂。一个人有躯体，并不意味着他有生命，有了生命并不意味着他敬畏灵魂。不敢与自己的灵魂交谈的人，绝对无法品味生活的真谛。

与自己的灵魂交谈，最为重要的就是要知道自己将成为一个什么样的人，自己要树立一种怎样的人生观和价值观。

居里夫人是世界科学史上的名人，她发现了钋和镭两种新元素，成为放射性化学和物理的奠基人。更让人惊叹的是，她在八年内成为世界上第一个两次获得诺贝尔奖的人。最为传奇的是，这两个奖项还分属不同的学科，分别是物理和化学学科。

这样令人瞩目的成绩自然逃不过媒体的轰炸。外国科研机构的邀请电以及贺信不断地向居里夫人家寄来。此外，摄影师的拍照、记者的采访，还有慕名而来的拜访者……居里夫人被这些乱七八糟的活动搞得头晕目眩，以前宁静的科研生活完全被打乱了。

为了回避那些对自己的生活感到好奇的人，居里夫人只好深居简出，将自己的一切心思放到了科研之上。对以前获得的荣誉，居里夫人并不怎么在意。一次，一个来访者看到居里夫人的小女儿正在玩英国皇家学会奖励给居里夫人的一枚金质奖章。客人看到这一切后非常地吃惊，这么贵重的奖章怎么能够随便让孩子当作玩具呢？居里夫人笑着说：“我故意这么做的，这样的目的是为了让孩子从小就知道，荣誉并不珍贵，在很多时候就像玩具一样。”

对于居里夫人而言，生活中最美好的部分应该就是在实验室里做研究，而不是各种宴会和其他的活动。这些在旁人看起来十分难得的机会对她而言只会让她分心。她所有的心思都在科学的研究上，在那里，她寻找到了人生的真谛。

生活的味道有很多种，每个人的选择都是不同的，但正是不同的选择才让人与人之间有了差别。这是生活给予我们的选择，同时也是生活送给我们的礼物。

我国著名作家钱钟书先生被冠以“博学鸿儒”、“文化昆仑”的美誉。当有记者恳请他接受采访的时候，他幽默地说道：“既然你觉得鸡蛋的味道不错，那么还有必要认识那只下蛋的母鸡吗？”在《写在人生边上》一书重印的时候，钱钟书将所得的稿费全部都捐给了中国社会科学院文学研究所；他的小说《围城》被改编成电视剧的时候，他将自己获得的稿费同样全部捐了出去。有年轻人向他请教，他说：“名和利都不要去追逐，年轻人需要的是充实的思想。”

多点品味生活的心思，我们将收获到更多未知的惊喜，也能够从生活中不断锻炼自己的心性和能力，培养自己属于个人的品位。

生活不是我们身边不断唠叨的老师，不会手把手交给我们人生的哲理，替我们提炼人生的信条。它只会让一切静静地发生，让所有的参与者自己总结和提炼。

品味生活，不仅需要一种勇气，更需要一种境界。人们都渴望着能够看见晴朗的星空，但雨雪总有可能不期而至。与其抱怨命运的不公，不如在雨天静静听雨声，在雪天淡然地赏雪。

06. 停下来，只为走得更远

生命的乐章要有高音，有低音，有急促，有缓和，才能奏成优美的旋律，而我们的身体就像演奏歌曲的乐器，需要精心呵护，才能完成乐章的卓越呈现。

古语说："一张一弛，文武之道。"把握好"张"与"弛"，就是让生命保持一个理想的状态，动若脱兔，静若处子，既有挥汗如雨的奔跑，也有闲情雅致的散步。

苏玲生日的时候，心情十分低落，她前几天刚刚被老总炒鱿鱼。想到两年多兢兢业业的工作，落得被淘汰的下场，苏玲对自己的能力产生了怀疑。她已经打好了新的简历，却迟迟没有投递，她不知道下一个工作是什么，会不会还是这样的结局。

几天来，她一直在翻两年来写的"工作日记"，想从自己每一次的合同中找出一点什么。她不是数一数二的业务人才，但也不差，每个合同都很认真，客户也表示满意。为什么老总会对她有意见？正想着，她的闺密青打来电话，苏玲心里一酸，开始跟闺密诉苦。

"今天是你生日，明天又是周末，我特意订了两张票，请你去泡温泉。"青说。

“我哪里有心思泡温泉!”苏玲说，“我快烦死了！你快帮我分析分析!”

“你工作的时候，每次我找你出去，你都说‘我哪有心思’；现在你离职了，竟然还跟我说‘没有心思’！你还要被工作烦多久?”青不客气地说，“就是因为你整天都为工作发愁，总觉得事情没做完、没做好，导致越来越迟钝，你的老板才会炒掉你！老板最喜欢的是那些充满活力、不断开拓的员工。如果你继续被工作压着，愁眉苦脸，下一个工作，你同样做不到最好!”苏玲默默地听着青的话，她觉得这些话很有道理，但又知道以自己的个性，改变起来很难，可是，再难也要试一试，也许真的能得到新的机会。

苏玲和青出门玩了三天，回来后开始找新工作。她并不着急，每天参加一两个面试，闲下来的时候就做做面膜，看着衣橱里的衣服思考搭配，邀朋友打羽毛球，还把黑边镜框的眼镜换成了隐形镜片。她觉得心情越来越好。一个月后，她轻松自信地得到了一家外企的“橄榄枝”。

俗话说“磨刀不误砍柴工”，每个人都要注意休息和休闲。休息并不是浪费时间，不是偷懒，更不是工作的敌人。会休息的人才能更好地工作，才能有好的心情享受生活，否则，他们只能把生活兑换为一连串的工作和烦恼，堆积在前方道路上，看着就没有勇气走过去，何况是冲刺?

英国首相丘吉尔是一位“休息大师”，即使每天工作16个小时，他也依然能保持旺盛的精力。不要以为伟人是铁人，是超人，丘吉尔也是个有血有肉的普通人，只不过他比常人更注意劳逸结合，他有地方坐就决不站着，有地方躺就决不坐着，所以，他直到八九十岁依然保持着清醒的头脑和旺盛的精力。

1986年，意大利人Carlo Petrini推动了一项全新的运动：慢食运动。他提倡要以慢慢吃为开始，以提醒生活在高速发展时代的人们，请慢下来，留心身边的美好。在这之后，“慢食”风潮从欧洲开始席卷全球，千万个欧美人通过放慢进食速度，来享受与家人共处的感觉。因为这项运动，发展出一系列的“慢生活”方式。

2005年秋季，意大利人贡蒂贾尼成立了“慢生活艺术”组织，并倡议“世界慢生活日”，也称全球慢生活日。

2007年2月19日，在第一个“世界慢生活日”里，贡蒂贾尼和其他组织成员装扮成警察，来到米兰中心广场，向行色匆匆的路人开出自制“超速罚单”。当天的“超速罚单”共发出了500张，人们拿着这张罚单，露出会意的微笑。

在第二个“世界慢生活日”，类似的活动在美国纽约联合广场上举行。贡蒂贾尼回忆说：“纽约人收到我们的‘罚单’后说，愿意加入我们，放缓生活节奏。”

在第三个“世界慢生活日”，贡蒂贾尼和同伴出现在日本东京，戴上了自制的意大利警察帽，向行人发放传单，并对走路太快的人开“罚单”。他们倡议人们减慢生活节奏，因为“慢生活，才快乐”。

第四个“世界慢生活日”，在意大利，人们庆祝了世界“慢日”。当天，意大利许多城市的民众可以享受到免费的公共交通，政府还在街头组织诗歌朗诵比赛，人们甚至可以尝试免费的瑜伽和太极练习。同时，他们还对那些步伐过快的人予以“模拟”处罚。

清代张潮《幽梦影》中有一段话：“人莫乐于闲，非无所事事之谓也。

闲则能读书，闲则能游名胜。”提倡休闲，并不是提倡无所事事，而是要把休闲与忙碌当作一个整体，休息时要做好忙碌的心理，繁忙时要懂得偷闲。

当所有人都在忙碌的时候，你让自己慢下来，是不是“逆潮流而动”，会不会被人落在后面？不要担心，凡事都要用效率说话。

不信，你试着过一段时间的“慢生活”，先定下目标，在这段时间里劳逸结合，看看自己是否能如期完成，还觉得轻松？相信，你会初步体会到休闲的妙处，就像一个惯于奔跑的人，体会到散步的悠闲和自在。

07. 低调是一种华丽的美丽

一位摄影师说过，想让一个人看起来高大些，就要用仰拍的角度。这似乎说明，人站得越高，看起来越高大。

事实真的是这样吗？高与低是相对的。在一定范围内，站得高，看上去就高大些，可有时候，却是人站得越高越渺小。因为人站得高，离别人远了，看到的人会变小，可换个角度，别人看到的他也会很小。

许多人却没有意识到这一点。有人职位提升了、工作有成绩了、事业有点小成就了，却在突如其来的荣誉和掌声中迷失，自我感觉良好，自认为很了不起，从而骄傲、自满，甚至不可一世、不思进取。

在令人生厌的几种品格中，自大肯定是排名靠前的。一个自大的人往往很急功近利，习惯以自我为中心，而这种人的所作所为让人感受到的只能是浅薄。“劳谦虚己，则附之者众，骄慢倨傲，则去之者多。”《抱朴子·刺骄》中这几句话的意思是说，谦逊待人，愿意和他亲近交往的人自然就多；如果骄傲自大、盛气凌人，原来和他亲近的人也会离他而去。

在生活中，人们也会发现一种现象，越是胸无点墨、不学无术的人越是活跃，而那些学富五车的优秀学者往往最为低调。这其实很容易理解，当一个人的学识不能从内到外地吸引到其他人时，其最常见的做法就是用声音来赚取人的眼球。

纵观那些所向披靡的优秀人士，往往都是一脸谦和，抱着低调的态度。正是这种谦和低调，使得他们轻易便博得了他人的好感和信任。

在北大，一直流传着这样一个故事，季羡林在任北大副校长时，适逢开学，季羡林就在校园里溜达。赶巧在校园操场碰到一名男生，他背着沉重的行李来校办理入学手续。这名学生向季羡林求援："大爷，帮我看会儿行李，我去办手续！"季羡林应允。那小青年说完就跑走了。季羡林站在太阳底下恪尽职守地等了一个多小时，那个新生终于气喘吁吁地跑回来对季老说："谢谢您，大爷！"说完，背起行李就走了。

第二天召集新生举行开学典礼。当季校长出现在演讲台时，那个让季羡林看行李的新生眼前一亮："我竟然让大名鼎鼎的季老给我看了一个小时的行李！"他感到万分吃惊，没有想到一名学贯中西的副校长能够给一个素不相识的青年学子照看行李。

这个小故事有点像电视小品，然而其情其景是生动而真实的。一位记者曾向季羡林问及此事，他幽默地回答："有这么档子事！但关于其中的称谓得更正一下。那个学生当时不是称我'大爷'，而是'老师傅'！"

季羡林一辈子不接受“国学大师”的称号，而是称自己为教书匠。这是一种什么样的精神境界和人格魅力。人们之所以怀念季羡林，除了季老在学术上无可比拟的贡献之外，我想还有相当大程度是因为季老的人格魅力。

待人遇事要做到心平气和，这是尊重自己也是认识自己的需要。在与他人交往的过程中，要始终保有谦虚的心，低调的姿态，有地位的时候不要以地位骄人，有财富的时候不要用财富来傲人，有才学的时候更应该不要用才学凌驾于他人之上。

小李是一名刚毕业的大学生，学的是设计专业。通过几年系统地学习，小李对自己的能力相当自信。在求职的时候，他到一家设计公司应聘设计师一职。通过简历筛选后的第一轮面试中，他向面试官出示了在大学设计的作品。面试官看到小李拿出的作品，觉得还不错，让他通过了第一轮的面试。

在第二轮的复试过程中，小李觉得自己应聘成功已经是板上钉钉的事情了。面试的过程中，小李侃侃而谈，从设计的原则到自己曾经做过班长、学生会主席等工作。到了最后，他甚至偏离了当初应聘职位的初衷，甚至还说自己同样擅长做策划，有领导才能，整个谈话呈现出一种咄咄逼人的态势，仿佛是说如果公司不录用他，那将是公司的一大损失。

在复试的最后，他又点评起了整个行业，把这个行业的运营方式说得一无是处。

最终小李没能如愿进入这家公司成为一名设计师，不是因为他的能力不够，而是心态不正。

人有锋芒是一件很正常的事情，尤其是对于刚从校园里走出来的年轻人而言。或许有的人看重的就是这股子冲劲，但是绝大多数的公司想要招聘的还是那些了解自己实力、低调谦逊的员工。

更何况，事实上人没有骄傲的理由，相对于世界，个人的力量是渺小的。山外有山，天外有天，人外有人，谁也不可能是个“万事通”，谁也不能保证自己所学的知识一辈子够用，这就更需要我们克服刚愎自用、自以为是的毛病，用一颗谦虚的心对待别人，展现一种低调谦和的内在美。

一个人的真正伟大之处在于，他能认识到自己的渺小，而不是自以为是、自高自大。记住这一点吧，慢慢看，慢慢学，人才能成长与进步，才能取得成就。

08. 路还很长，我还年轻，一切归零

在一堂哲学课上，教授拿来一个杯子，将一块和杯子差不多大小的石头放了进去，然后问学生：“这还能放进去其他东西吗？”同学们都说不能，因为杯子早就满了。

教授又拿出一把碎石子，然后将碎石子放到了杯子里。教授又开始问，这个小小的杯子还能融入些其他的东西吗？这一下学生开始变得谨慎了，但是大部分同学依然肯定地说不能。教授又微笑着拿出一小堆沙子，放到了杯子里，然后摇匀，直到所有的缝隙都被细细的沙子覆盖。

教授继续微笑着问：“这个杯子里还能放东西吗？”学生有些发蒙，不知道该怎么回答了，但是从教室的角落里还是传出了一些声音，非常肯定地说

不能了。只见教授又拿来一小杯水，慢慢地倒入了杯子之中，然后又问还能不能放进去其他东西。这下所有的学生都不说话了，一起看着教授还能有什么花招。教授笑了，将杯子里的所有的东西都倒入了附近的垃圾桶，使它又变成了一个空杯。然后教授指着空杯说："这不是还能装其他东西吗？"说完，教授笑了，学生们也笑了。

教授用现场的演示给学生们传达了一个信息，那就是当自己的潜力使用殆尽的时候，可以用一种空杯的心态来进行调节。所谓的空杯心态是一种对自我的永不满足，及时对自己所掌握的知识进行调整和处理，清空那些陈腐过时的旧知识。空杯心态还要求人们不能沉迷于过去的成功，要随时调整自己来适应新的变化，要有敢于清空自己的勇气，也要有笑对未来的信念。

放空自己更多表现的是一种心态。只有懂得"归零"的人才会明白成和败、输与赢都是人生中应该放弃的浮华；只有时常给自己归零才能时时提醒自己跃升。

众所周知，贝利是一代球王，在他二十多年的足球生涯中，他创造出了各种匪夷所思的纪录，其中就包括了一个队员在一场比赛中射进八个球的纪录。贝利超凡的个人球技不仅征服了观众，也征服了对手。很多球员甚至以在比赛的过程中防守贝利而感到无比的骄傲。

在他个人的进球纪录满 1000 个的时候，有记者采访贝利问道："您认为自己哪一个球踢得最好？"贝利笑了笑，然后意味深长地说："下一个。"

在通往成功的道路上，当实现一个阶段性目标的时候，就应该将过去清空，把心态调整为零，把原来的成功看成是下一次成功的起点，开始不断地准备迎接新的挑战。也只有这样才能攀登新的高峰，获得新的成就。最主要的是，在心态上“虚”了，身体上才能“实”，思想上才能允许我们接受更多的知识，行动上才能做到不耻下问，保证自己不断获得更新，不断追求进步。

哈佛大学校长来北京大学进行访问的时候，讲述了这样一段属于自己的特殊经历。有一年，哈佛校长向学校请了三个月的长假，然后告诉家里人：“不要问我去什么地方，我每个星期会给家里打个电话来报告我的平安。”

在交代完一切以后，这位校长孤身一人来到了美国南部的一个村庄，开始了全新的生活。在这里，他尝试了很多种以前想都未曾想过的生活方式，到农场打工，到饭店去洗盘子，等等。

等到这位校长重新回到自己熟悉的岗位后，他突然发现以往觉得枯燥而烦琐的工作在一时间也变得有趣，他已经将现在的工作当成了一种享受。这种原始回归的初衷或许只是为了体验一下生活，但是实际上在不知不觉中已经将多年心中积攒的垃圾清理干净了。

空杯心态看似是一种一无所有，实际上却是一种更广阔的拥有，因为它赢得了可以无限发展的空间，正如一张白纸最大的优势是它的空白，有最大的自由让人去描绘，从而可以画出最新、最美的图画。

一个人要想获得成功，将自己摆在一个不断向前的位置上，就要将心里的“杯子”倒空。别被那些成就、经验、利益、学识等东西束缚了自己，时时刻刻准备一切从头再来，敢于向自我挑战。经常如此，相信我们会慢慢获得进步，慢慢取得发展，在成功的道路上越走越远。